HEYNE

SCIENCE FICTION

Herausgegeben
von Wolfgang Jeschke

Von LAWRENCE M. KRAUSS erschien
im Wilhelm Heyne Verlag in gleicher Ausstattung

Die Physik von Star Trek · 06/5549

LAWRENCE M. KRAUSS

JENSEITS VON
STAR TREK

Die Physik hinter den Ideen der Science Fiction

Sachbuch

Herausgegeben von
WOLFGANG JESCHKE

Deutsche Erstausgabe

WILHELM HEYNE VERLAG
MÜNCHEN

HEYNE SCIENCE FICTION & FANTASY
Band 06/6497

Titel der amerikanischen Originalausgabe
BEYOND STAR TREK:
PHYSICS FROM ALIEN INVASIONS TO THE END OF TIME
Deutsche Übersetzung von Erik Simon

Umwelthinweis:
Dieses Buch wurde auf chlor- und
säurefreiem Papier gedruckt

Redaktion: Rainer Michael Rahn und Wolfgang Jeschke
Copyright © 1997 by Lawrence M. Krauss
All Rights Reserved
Erstausgabe 1997 by Basic Books.
d division of HarperCollins Publishers, New York
Copyright © 2002 der deutschsprachigen Ausgabe und der Übersetzung
by Wilhelm Heyne Verlag GmbH & Co. KG, München
Deutsche Erstausgabe 2/2002
Printed in Germany 12/2001
Satz: Schaber Satz- und Datentechnik, Wels
Umschlaggestaltung: Nele Schütz Design, München
Technische Betreuung: M. Spinola
Druck und Bindung: Ebner Ulm

ISBN 3-453-19670-8

»Tun Sie das!«

Jean-Luc Picard

Inhalt

Prolog

These are the days
of miracle and wonder

Paul Simon

Seit der Veröffentlichung meines jüngsten Buches, *Die Physik von Star Trek*, bin ich unzählige Male gebeten worden, etwas über das Verhältnis der Wissenschaft zur Science Fiction zu sagen. Ich glaube, die Verbindung ist ganz einfach: Wir werden alle von denselben Fragen inspiriert.

Ich glaube auch, dass die Fragen, die sich Wissenschaftler und Science Fiction-Autoren stellen, im Grunde universell und zeitunabhängig sind. Jedes Zeitalter war von diesen Fragen fasziniert, hat sie in seiner Literatur, bildenden Kunst, Dramatik und in seiner Wissenschaft widergespiegelt. Die Wunder im Einzelnen wechseln mit der Zeit in dem Maße, wie wir die Welt erkennen; während manche Geheimnisse entschleiert werden, entstehen neue. Denken Sie an eine farbenprächtige Blume. Kann sich etwas derart Wunderbares wirklich aus dem Urschleim entwickelt haben? Ja. Doch wir wollen diese ziemlich oft strapazierte Frage hinter uns lassen und die Blume näher untersuchen. Vielleicht hat sie ein schönes Muster, das nur in ultraviolettem Licht sichtbar wird und das eine Biene wahrnehmen kann. Wer hat das so angeordnet? Oder denken wir an die Myriaden chemischer Reaktionen, die im Auge der Biene ablaufen und einzelne Portionen purer Energie jedesmal, wenn der Blick der Biene über die Blume streift, in ebenjenes sichtbare Bild verwandeln, obwohl diese Reaktionen Wahrscheinlichkeitsgesetzen unterliegen und man nicht einmal sagen kann, dass die Moleküle, die auf das Licht reagieren, in irgendeinem spezifischen Zustand existieren, bevor – und manchmal auch nachdem – sie das Licht absorbieren. Tief drinnen im Gehirn der Biene – und in unserem eigenen – verwandelt sich das mysteriöse Universum der Quantenmechanik in das klassische, vorhersagbare Universum. Wie? Und warum haben wir ein Bewusstsein von uns selbst und die Biene nicht? Stellen wir das einzige vollständige Bewusstsein im Weltall dar? Gibt es gegenwärtig außerirdische Intelligenz, die sich unseres Daseins bewusst ist? Wie sollen wir das jemals erfahren?

Alle Wunder unseres eigenen Daseins und des Daseins anderer können in wissenschaftlichen Begriffen ausgedrückt werden. Doch die Themen sind genauso fesselnd für jemanden, der sich einfach fragt: »Was wäre, wenn…?« Während jedoch die beste Science Fiction unser Interesse erregt, indem sie die Dramatik und die Spannung in den Was-wäre-wenn-Fragen einfängt, lässt sie die Antworten für gewöhnlich offen. Die moderne Wissenschaft hat den Schlüssel zum Wissen, was möglich ist und was nicht.

Wenn man den Zusammenhang zwischen Wissenschaft und der populären Kultur würdigt, kann man daher auf nahe liegende Weise die Ideen umreißen, die die moderne Wissenschaft bewegen. Außerdem kann es eine Menge Spaß machen. Ich habe mich entschlossen, hier über *Star Trek* hinauszugehen – eine größere Auswahl von Beispielen und Anekdoten einzubeziehen und Themen zu behandeln, die in unserer Kultur eine wichtige Rolle spielen. Ich werde die Trekkies nicht sich selbst überlassen; ich hoffe nur, ein Publikum zu erreichen, das nicht jede Nacht aufbleibt, um sich die Wiederholungen der TV-Serien anzusehen. Des Weiteren hoffe ich, dass jene Leser nicht enttäuscht sein werden, die vielleicht auf den *Zorn des Krauss* gewartet haben. Die Inspiration zu vielem, was ich hier behandeln werde, stammt aus Tausenden von E-Mails und Briefen und aus Gesprächen, die ich im Laufe der letzten zwei Jahre mit Lesern geführt habe – und wie Sie feststellen werden, entferne ich mich niemals weit von *Star Trek*. Die begeisterte Reaktion auf das vorangehende Buch war ein großes Geschenk für mich. Ich hoffe, dass ich mich mit diesem Buch angemessen revanchieren kann.

Alsdann, fertig machen. Es geht wieder los.

SEKTION EINS

••

...oder ob sie überhaupt nicht kommen, ist nicht gewiss

> *Scully:* Da drüben liegt ein Moor.
> Die Lichter... waren vielleicht
> Sumpfgas. Das ist ein natürliches
> Phänomen – Phosphin und
> Methan, die aus sich zersetzenden
> organischen Stoffen aufsteigen,
> entzünden sich dabei und bilden
> blaue Flammenkugeln.
> *Mulder:* Das passiert mir,
> wenn ich Dodger Dogs* esse.

---

* Dodger Dogs sind Hot Dogs einer speziellen Marke, die eine Zeit lang sehr in Mode war.

EINS

Wähl dir dein Gift

> Es ist nur so, dass bei meiner
> Arbeit die Gesetze der Physik
> selten zu gelten scheinen!
>
> *Fox Mulder*

Ein dunkler, bedrohlicher Schatten senkt sich auf Ihr Haus herab. Die Möbel beginnen zu wackeln, Wände und Decke vibrieren und Sie hören ein seltsames Pfeifen. Sie stürzen ans Fenster, um zu sehen, was den ganzen Aufruhr verursacht. Nur anderthalb Kilometer überm Erdboden schwebt reglos eine riesige schwarze Scheibe am Himmel, mindestens fünfundzwanzig Kilometer im Durchmesser, verdeckt die Sonne und hüllt die ganze Gegend in Dunkelheit. Sie laufen in die Küche und spritzen sich kaltes Wasser ins Gesicht. Das kann doch nicht wahr sein! Wieder ans Fenster – und das massive Objekt ist immer noch da. Sie rennen hinaus zur Garage, um das Weite zu suchen, dann fällt Ihnen etwas ein. Rasch zurück ins Haus; Sie nehmen den Hörer ab, um die Schule Ihrer Tochter anzurufen, aber das Telefon ist tot. Sie verlieren die Kontrolle über Ihre Blase. Sie begreifen, was geschehen ist, und sind entsetzt. Aliens sind angekommen! Während Sie ohnmächtig werden, ist Ihr letzter Gedanke: *Gleich werde ich geröstet!*

Moment! F 14-Maschinen oder Computerviren oder sogar die Mikroben von H. G. Wells mögen ja vielleicht außerstande sein, uns vor dem schieren Entsetzen zu bewahren, welches der Angriff einer fliegenden Untertasse von 25 Kilometern Durchmesser auslöst, aber Isaac Newton könnte es – in gewissem Sinne. Newtons Gesetze würden dafür sorgen, dass Sie höchstwahrscheinlich tot wären, ehe Sie Zeit hätten, entsetzt zu sein. Auch mehrere Jahrhunderte nach Newton müssen die Filmproduzenten von Hollywood sich an Newton vorbeimogeln, ehe sie sich in all dem tollen Zeug austoben können. Leider scheinen die Aliens, die das Mutterschiff in *Independence Day* steuern, dieses Semester daheim übersprungen zu haben...

Was hingegen wirklich dabei herauskommen könnte, wenn wir tatsächlich vom Mutterschiff und seinen Kindern besucht würden, liest sich eher wie ein Szenario für die Hexenprozesse in Salem.

TOD DURCH ERTRINKEN

Ein Mutterschiff voller Aliens, die darauf aus sind, dem Leben auf der Erde den Garaus zu machen, bräuchte vielleicht keine Schwadron riesiger fliegender Untertassen auszusenden, um unsere größten Städte zu zerstören. Lange bevor der erste Schatten auf das Empire State Building oder das Hollywood-Zeichen fällt, könnte New York unter Wasser stehen und Los Angeles von Erdbeben ausradiert sein. Gegen Anfang von *Independence Day* offenbart die Telemetrie, die den Anflug des Mutterschiffs verfolgt, dass es fast ein Viertel der Masse des Mondes hat. Ehe es seinen Schwarm tödlicher Untertassen ausstößt, schwenkt das riesige Schiff in eine geostationäre Umlaufbahn um die Erde ein – dieselbe Art Umlaufbahn, die die U.S.S. *Enterprise* benutzt, wenn sie einen neuen Planeten besucht. In solch einer Umlaufbahn bewegt sich ein Raumschiff oder Satellit ebenso schnell, wie der Planet rotiert, sodass es oder er immer direkt über derselben Stelle der Planetenoberfläche bleibt. Auf solchen Umlaufbahnen befinden sich die großen Kommunikationssatelliten, die unsere internationalen Botschaften übertragen, und auch das Satellitennetz für das Global Positioning System, das unsere Flugzeuge und gut ausgerüstete Trekker (die Sorte, die auf der Erde in der Wildnis herumfährt) dirigiert.

Newtons Gravitationsgesetz legt fest, wie hoch so eine Umlaufbahn sein muss, egal, wie groß die Masse des Objekts ist. Es ist eins von den vielen Wundern des Gravitationsgesetzes, dass jedes noch so schwere Objekt in einer gegebenen Entfernung von der Erde mit exakt derselben Geschwindigkeit wie jedes andere Objekt in dieser Entfernung umlaufen muss. (Wenn es anders wäre, müsste die NASA für jedes Space Shuttle je nach dem Gewicht der Astronauten eine andere Flugbahn berechnen.) Für ein Objekt in geostationärer Umlaufbahn beträgt die Entfernung von der Erde ungefähr 36 000 km oder fast ein Zehntel der Entfernung von der Erde zum Mond. In 36 000 km Höhe wäre die Anziehungskraft, die ein Objekt von der Masse des Mondes auf die Erde ausübt, hundertmal stärker als die Anziehungskraft des Mondes; da das Mutterschiff ein Viertel der Masse des Mondes besitzt, wäre seine Anziehungskraft auf die Erde 25-mal stärker als die des Mondes!

Was würde das bewirken? Nun, eine der Wirkungen könnte durchaus sein, dass die Wall Street geschlossen würde, weil ein Gutteil von New York wahrscheinlich unter Wasser stünde. Die Gezeitenkräfte, die ein Objekt von der Masse des Mutterschiffs erzeugt, würden ein katastrophales Ansteigen des Meeresspiegels an verschiedenen Orten der Erde verursachen. Gleichzeitig werden die ungewohnten Gezeitenkräfte, die auf die Erdkruste wirken, zweifellos Erdbeben und Vulkanausbrüche in gefährdeten Regionen der Erde auslösen. Mehr noch, die Bewegung der Erde durch den Raum selbst würde beeinflusst, und es käme zu unvorhersagbaren Effekten, darunter möglicherweise Klimaveränderungen. Wenn ein Objekt von einem Viertel der Mondmasse in einer nahen Umlaufbahn um die Erde kreist, dann lässt es die Erde hin und her pendeln. Einen dritten massereichen Körper mit seiner zusätzlichen Gravitation dem System Erde-Mond hinzuzufügen, würde die Dynamik des Systems auf möglicherweise chaotische Weise verändern.

Wenn die bösen Aliens besonders geduldig wären – und warum sollten sie es denn nicht sein? –, könnten sie eigentlich beschließen, die Erde genau entgegengesetzt zu ihrer gegenwärtigen Rotationsrichtung zu umkreisen. Der Gezeitenzug des Mutterschiffs würde dann nach und nach bewirken, dass sich die Erdumdrehung verlangsamt oder ganz aufhört! Auch ohne Raumschiff werden die Tage auf der Erde infolge der Mondanziehung allmählich länger. Irgendwann einmal (in kosmischen Zeiträumen) wird die Rotationsperiode der Erde der Umlaufzeit des Mondes entsprechen, sodass ein Erdentag beinahe einen Monat dauert. Stellen Sie sich vor, wir hungrig sie dann zwischen Frühstück und Mittagessen sein werden.

Egal, ob die Besatzung die langsame Route oder die schnelle wählt, das Mutterschiff könnte durch geeignete Wahl seiner Umlaufbahn Zerstörung über die Erde bringen, ohne mehr zu tun, als einfach da zu sein – was viel einfacher wäre, als Kämpfe mit Flugkörpern und Geschossen von der Erde zu riskieren.

...ODER DURCH ÜBERDRUCK

Soviel zum Mutterschiff. Die gigantische fliegende Untertasse von 25 km Durchmesser, deren Schatten über dem Weißen Haus, New York und Los Angeles 1996 für einige der einprägsamsten Filmbilder sorgte, würde auch ganz schön reinleuchten, ohne einen einzigen Schuss abzugeben.

Stellen wir uns zunächst vor, wie viel solch ein Schiff von 25 km Durchmesser und, sagen wir, 3 km Höhe wiegen würde. Das Schiff ist natürlich nicht kompakt – es muss drinnen Platz geben, in dem sich die Aliens bewegen können. Nehmen wir also an, dass ein Zehntel dieses Objekts aus Baumaterial und den Aliens selbst besteht und der Rest im Grunde Luft (oder ein vergleichbares Gas) ist, und nehmen wir sicherheitshalber an, dass das Baumaterial leichter als Stahl ist – sagen wir, von der Dichte des Wassers (1 Gramm pro Kubikzentimeter). Ich schätze, dass solch ein Objekt reichlich hundert Milliarden Tonnen wiegen würde.

Das ist ganz schön schwer. Aber ein Flugzeug ist auch ganz schön schwer und fliegt trotzdem. Es gibt da jedoch einen großen Unterschied. Wie groß, können wir ausrechnen, wenn wir fragen, welche aufwärts gerichtete Kraft notwendig wäre, um den gigantischen Flugkörper gegen die Erdanziehung in der Schwebe zu halten. Wohlgemerkt, wir können diese Frage unabhängig davon stellen, welchen exotischen physikalischen Mechanismus das Schiff zum Fliegen verwendet, sei er nun ›konventionell‹ wie fusionsgespeiste Strahltriebwerke oder so futuristisch wie Antigravitation. Wir formulieren die Frage in Begriffen des Drucks, den das Schiff bei seinem Gewicht auf die Atmosphäre unter sich ausüben müsste, um in der Schwebe zu bleiben. Indem man das Gewicht des Flugkörpers durch die Fläche der Scheibe teilt, erhält man einen Druck von ungefähr 30 kp/cm^2 direkt unter dem Flugkörper – oder etwa das Dreißigfache des normalen Luftdrucks auf Meereshöhe.

Wir neigen dazu, den Luftdruck zu ignorieren; schließlich umgibt er uns ständig. Doch der Druck der Erdatmosphäre ist wirklich bemerkenswert, wenn man ihn sich vergegenwärtigt. In Meereshöhe übt die Atmosphäre einen Druck von einem Kilopond auf jeden einzelnen Quadratzentimeter Ihres Körpers aus.* Das sind gut 10 Kilopond auf eine Handfläche! Warum spüren wir das nicht? Weil unsere Körper sich, wie man sagt, im hydrostatischen Gleichgewicht mit der Atmosphäre befinden – das heißt, die Flüssigkeiten und Gase innerhalb unseres Körpers üben einen nach außen gerichteten Druck aus, der

---

* Die Maßeinheit Kilopond für die Kraft ist in Deutschland seit 1978 abgeschafft und durch ›Newton‹ ersetzt (1 kp = 9,80665 N). Ich verwende sie trotzdem, weil sie anschaulicher ist – ein Kilopond ist ziemlich genau das Gewicht, das eine Masse von einem Kilogramm an der Erdoberfläche hat. Das kann jeder einschätzen, wenn er nicht gerade seit ein paar Monaten in einer Raumstation lebt. – *Anm. d. Übers.*

dem nach innen gerichteten Atmosphärendruck gleich ist. Man braucht aber nur das Gleichgewicht zu stören und dramatische Auswirkungen sind die Folge.

Die Wirkungen des Atmosphärendrucks wurden schon 1657 von Otto von Guericke demonstriert, dem Bürgermeister von Magdeburg, der die Vakuumpumpe erfand. Er fügte zwei kupferne Halbkugeln von der Größe gewöhnlicher Grillpfannen zu einer Kugel zusammen. Die beiden Halbkugeln wurden nicht miteinander verlötet oder verklebt und konnten leicht getrennt werden. Doch als er die Luft aus der Kugel herauspumpte, sodass dem äußeren Luftdruck kein innerer mehr entgegenwirkte, konnten zwei Gespanne von je acht Pferden die Halbkugeln nicht auseinander ziehen! Bei einem Kilopond pro Quadratzentimeter kommt in der Summe ganz schön was zusammen.

Erinnern Sie sich, dass der Druck, den eine jener fliegenden Untertassen nach unten ausüben würde, etwa 30 Kilopond pro Quadratzentimeter betrüge. Das bedeutet ein zusätzliches Gewicht von 300 Tonnen pro Quadratmeter auf jedem Objekt, das sich unter dem Flugkörper an der Erdoberfläche befindet. Ein normales Gebäude stürzt bei einem Überdruck von etwa 5 Atmosphären ein, das entspricht rund 50 Tonnen pro Quadratmeter und dem Überdruck, den eine durchschnittliche Nuklearwaffe in einer Entfernung von ca. zehn Kilometern erzeugt. Vergessen Sie die riesigen feuerspeienden Waffen – um Großstädte platt zu machen, brauchten die riesigen Scheiben einfach nur drüber zu schweben. Allerdings gäbe das keine spektakulären Kinobilder.

Warum, werden Sie vielleicht fragen, zerdrücken konventionelle Flugzeuge keine Menschen und Gebäude, wenn sie über sie hinwegfliegen? Nun, Flugzeuge sind nicht gar so schwer im Vergleich zum Gewicht der Atmosphäre. Ein 100 Tonnen schweres Flugzeug, 30 Meter lang und 3 Meter breit, muss eine Kraft von rund einem Zehntel Kilopond pro Quadratzentimeter auf die Luft darunter ausüben, um in der Schwebe zu bleiben.

Noch wichtiger ist der Umstand, dass die Flughöhe groß im Vergleich zu den Ausmaßen des Flugzeugs ist. In dem Maße, wie das Flugzeug höher steigt, verteilt sich der Druck, den es auf die Atmosphäre ausübt, auf ein immer größeres Gebiet, sodass er auf Bodenhöhe bereits merklich abgeschwächt ist. Wenn Sie sich weit unter dem Flugzeug befinden, werden Sie kaum etwas spüren (außer dem Lärm der Motoren). Das Gleiche würde für die riesigen außerirdischen Raumflugkörper gelten, wenn sie sich so hoch über der Erde befänden, dass ihre Flughöhe viel größer wäre als ihr Durchmesser – doch dann würden sie als unbedeutende Scheiben am Himmel erscheinen und nicht als die gigantischen Ungeheuer von *Independence Day*.

... ODER DURCH FEUER

Nehmen wir an, wir haben das Glück, die Überschwemmungen und Erdbeben und den zermalmenden Druck zu überleben, und wir schicken eine große Streitmacht von F 14-Maschinen hoch, angeführt von einem jungen Präsidenten, der früher Jagdflieger war, und wir schaffen es tatsächlich, die Untertassen außer Gefecht zu setzen. Und da hört dann unser Glück plötzlich auf!

Wie viel Energie wird freigesetzt, wenn ein einziger Raumflugkörper dieser Größe aus, sagen wir, anderthalb Kilometern auf die Erde stürzt? Bei vorsichtiger Rechnung komme ich auf etwa das Zehntausendfache der Energie, die von der Atombombe über Hiroshima freigesetzt wurde. Ich bin nicht sicher, ob den Siegern in diesem Fall sehr nach Feiern zumute wäre. Erinnern Sie sich, dass der Aufprall eines einzigen Kometen oder Planetoiden – wohl nicht größer als solch ein Flugkörper, allerdings mit größerer Geschwindigkeit unterwegs – wahrscheinlich bewirkt hat, dass vor 65 Millionen Jahren, gegen Ende der Kreidezeit, ein großer Teil des Lebens auf der Erde ausgelöscht wurde. Und erinnern Sie sich daran, dass beim Sieg in

Independence Day eine Menge von den riesigen Untertassen zum Absturz gebracht wurde.

Eigentlich wäre schon die Energie, die benötigt wird, um solch einen Flugkörper in unsere Atmosphäre zu bringen, verheerend. Um ein Objekt von dieser Größe in einer Minute auf eine Geschwindigkeit von fünf Kilometern pro Sekunde (sagen wir, etwa die halbe Fluchtgeschwindigkeit von der Erde) zu beschleunigen, müsste man in dieser Minute eine Energie von rund 50 Milliarden Milliarden Watt aufbringen – etwa dreihundertmal mehr, als die Erde täglich von der Sonne empfängt, und das Millionenfache der Energie, die die gesamte Menschheit Tag für Tag verbraucht. Die Wärme, die von einer Vielzahl solcher Flugkörper abgestrahlt würde, wäre groß genug, dass es statt nach *Independence Day* eher nach Doomsday aussähe, nach dem Tag des Jüngsten Gerichts.

Was uns noch einmal auf das gute alte Mutterschiff zurückkommen lässt. Wie viel Energie würde benötigt, um ein Objekt von einem Viertel Mondmasse abzubremsen oder zu beschleunigen, damit es in eine Erdumlaufbahn einschwenken oder sie verlassen kann? Die Menge ist nahezu unvorstellbar. Ich habe lange versucht, mir etwas einfallen zu lassen, was den nötigen Wert angemessen wiedergeben könnte, und ich hoffe, das Folgende funktioniert: Wenn die Triebwerke des Mutterschiffs eine Stunde brauchen würden, um es abzubremsen, betrüge die von diesen Triebwerken abgestrahlte Energie fast zehnmal mehr als die gesamte Strahlungsenergie der Sonne in diesem Zeitraum! Stellen Sie sich eine Sonne vor, die uns nicht aus 150 Millionen km Entfernung bescheint, sondern aus einer von gerade mal 36 000 km. Die Strahlungsintensität würde etwa das Fünfundzwanzigmillionenfache betragen.

Sie können Gift drauf nehmen, dass Sie geröstet werden.

ZWEI

Sein oder nicht sein

> Das ewige Schweigen
> dieser unendlichen Räume
> macht mich schaudern.
>
> *Blaise Pascal*

Unser erster Kontakt mit den Außerirdischen braucht durchaus nicht so bedrohlich zu sein. Einer der Gründe, warum ich mir *Star Trek* in seinen vielen Erscheinungsformen immer wieder gern ansehe, liegt darin, dass die Serie ein hoffnungsvolles Bild von der Zukunft zeigt. Auf Zefram Cochranes wilden ersten Versuch mit dem Warp-Antrieb, wie er in *Star Trek VIII: Der erste Kontakt* festgehalten ist, folgten fast unmittelbar eine freundliche Begegnung mit den Vulkaniern und die Einladung, sich der Föderation anzuschließen. Nachdem die Ressourcen, die man für eine interstellare Reise wie die in *Independence Day* geschildert benötigt, bei weitem größer sind als alles, was man durch die Ausplünderung unseres Planeten rasch gewinnen könnte, glaube ich kaum, dass jemand, der die Reise unternimmt, von Anfang an darauf aus ist, uns zu unterwerfen. Das könnte viel später kommen – nachdem sie uns kennen gelernt haben.

Aliens haben Hochkonjunktur, man denke nur an den erfolgreichen Start von *Independence Day* und *Der erste Kontakt* und an die Neufassung von George Lucas' *Star Wars*-Trilogie; inzwischen sind mindestens vier weitere teure Filmepen in die Kinos gekommen, darunter *Contact*, der auf dem erfolgreichen Roman des inzwischen verstorbenen Astronomen und Wissenschaftsjournalisten Carl Sagan beruht. Wie um auf unangenehme Weise zu illustrieren, dass das Leben die Kunst nachahmt, schießen religiöse Kulte aus dem Boden, die sich auf die Existenz von Außerirdischen gründen. Der Komet Hale-Bopp hat das Leben von neununddreißig Sektenanhängern gefordert, die das bevorstehende Heil in der erwarteten Ankunft eines außerirdischen Raumschiffs sahen. Schon zuvor hat der vom Science Fiction-Autor zum Religionspropheten mutierte L. Ron Hubbard ein großes religiöses Imperium errichtet, das auf seinen Ansichten über seit langem ausgestorbene außerirdische Zivilisationen beruht. Offenbar kann man sich heute sogar gegen Entführung durch Aliens versichern lassen und mindestens 4000 Leute haben bisher ihre Beiträge gezahlt, obwohl noch kein Hinterbliebener eines Entführten die Prämie kassiert hat.*

Doch ich muss gestehen, dass ich wenig Unterschiede zwischen den phantastischen Mythen wahrer Gläubiger von der Heaven's-Gate-Sorte und den orthodoxeren Fundamentalisten sehe. (Beispielsweise finde ich es ebenso wahrscheinlich, dass sich hinter Hale-Bopp ein außerirdisches Raumschiff verbarg, wie die Annahme, ein Vorzeit-Patriarch namens Noah hätte sämtliche bekannten Tierarten in einer riesigen Arche vor einer erdumspannenden Flut gerettet.) Der Trost, den die Menschen in der Idee zu finden scheinen, dass wir nicht allein im Weltall sind, ist überaus stark. Soweit ich es sagen kann, ist Fox Mulders Mantra aus *Akte X*, »Ich will glauben!«, weit verbreitet.

Warum, ist leicht zu verstehen. Einsamkeit in der riesigen Weite leeren Raumes ist beunruhigend, wie es der französische Mathematiker und Philosoph Blaise Pascal im siebzehnten Jahrhundert formulierte (siehe das Motto zu diesem Kapitel).

---

* Inzwischen soll es mindestens einen Fall gegeben haben, wo die Versicherungsprämie ausgezahlt wurde, was aber allgemein als Werbetrick der Versicherungsgesellschaft aufgefasst wurde. Eine Versicherung, die *nie* eine Prämie auszahlt, würde ja ihre eigene Nutzlosigkeit beweisen. – *Anm. d. Übers.*

Unendliche Stille ist in der Tat beängstigend. Das menschliche Verlangen, die kosmische Finsternis mit einer göttlichen Gegenwart – oder allerwenigstens mit verwandten Lebensformen – zu füllen, ist so natürlich wie die Suche nach Wärme und Licht in der Einöde. Was könnte aufregender und tröstlicher sein, als weit entfernte Vettern im Universum zu entdecken? Während ich dieses Buch schrieb, habe ich eine Anzahl bedeutender Physiker und Kosmologen gebeten, mir eine Frage über das Universum zu nennen, auf die sie gern eine definitive Antwort hätten. »Gibt es da draußen intelligentes Leben?« war die Frage, für die sich Nobelpreisträger Sheldon Glashow entschied.

Wir alle haben darüber nachgedacht. Wie auch immer er ablaufen mag, der Erstkontakt würde unsere Zivilisation drastischer verändern als jedes andere Einzelereignis in der Geschichte der Menschheit. Auf einer Konferenz über die Möglichkeit außerirdischer Intelligenz habe ich kürzlich in Neapel einen Vortrag gehalten, bei dem die physikalischen Aspekte des Themas im Mittelpunkt standen. Auf derselben Konferenz sprach George Coyne, der das vatikanische Observatorium leitet, über die Herausforderung der christlichen Theologie, die sich aus der möglichen Existenz außerirdischer Zivilisationen ergibt. Sein Vortrag erinnerte mich an die Bemerkung des unbestreitbar frommen jüdischen Philosophen Maimonides aus dem 12. Jahrhundert in seinem ›Führer der Unschlüssigen‹, wonach zwar die Heiligen Schriften wahr sind, man jedoch, falls die Ergebnisse der Wissenschaft nicht mit unserer Interpretation der Schriften übereinstimmt, wir diese Interpretation einer Überprüfung unterziehen müssten. Nach Coynes Vortrag stellte ich ihm die anscheinend unvermeidliche Frage: Müssen Theologen, die sich mit dieser Frage befassen, vielleicht zu dem Schluss kommen, dass die Existenz außerirdischen Lebens unvereinbar mit den Glaubenssätzen des Katholizismus ist? Er antwortete, das könne durchaus der Fall sein. Ich habe das Gefühl, dass die Entdeckung außerirdischen Lebens eine wesentlich größere Erschütterung bedeuten würde – und nicht nur für strenggläubige Christen –, als seinerzeit die Entdeckung, dass die Erde nicht der Mittelpunkt des Sonnensystems ist. Ich bin seit langem der Überzeugung (ebenso wie offensichtlich die Produzenten von Filmen wie *Contact*), dass die Entdeckung von Außerirdischen in ihren Konsequenzen für das Selbstverständnis unserer Existenz und für das Beharrungsvermögen der Religionen die kopernikanische Revolution übertreffen würde.

Also, woran erkennt man einen interstellaren Raumflugkörper, der es fertigbringt, uns einen Besuch abzustatten? Wie würde er sich verhalten? Über derlei Fragen nachzudenken, kann eine nützliche Vorübung sein, um zu entscheiden, wie wir selbst eines Tages die Mission der U.S.S. *Enterprise* erfüllen könnten, »neue Welten zu erforschen, neues Leben und neue Zivilisationen, kühn vorzudringen, wo noch kein Mensch gewesen ist«. Das Problem, wie man ein Gefährt aus einer anderen Welt erkennt, erweist sich als ein wenig raffinierter, als es scheinen mag.

Die traditionelle Ansicht besagt, dass sich UFOs nicht wie Raketen oder Flugzeuge verhalten (genau deswegen sind sie schließlich UFOs). Seltsame Lichter, die über unglaubliche Entfernungen am Himmel hin und her huschen wie die verwirrenden Bilder in Steven Spielbergs *Unheimliche Begegnung der dritten Art*, sind typisch. In jüngerer Zeit, nämlich in einer der frühen Episoden von *Akte X*, bekommt der eifrige UFO-Jäger und FBI-Agent Fox Mulder in einer geheimen Einrichtung der Air Force irgendwo im Südwesten (vielleicht in Area 51?) endlich ein paar echte UFOs zu sehen, und diese Flugkörper tun genau, was man von UFOs erwartet – nämlich alles, was unsere eigenen Flugzeuge nicht können. Mulder und seine Kollegin Dana Scully staunen über eine Folge heller Scheiben, die sich mit unglaublicher Geschwindigkeit am Himmel über dem abgelegenen Stützpunkt bewegen und blitzartig im 90-Grad-Winkel abbiegen. Wie viele von den Action-Szenen in *Akte X* orientiert sich auch diese an der klassischen UFO-Literatur. Wenn dort ein UFO als etwas definiert wird, das sich anders als jede konventionelle Rakete oder jedes herkömmliche Flugzeug durch die Luft bewegt, dann möchte ich einwenden, dass sich ein echtes UFO gerade *nicht* so verhalten würde!

Ich möchte Folgendes einräumen: Was *Akte X* unter anderem so merkwürdig attraktiv macht, ist die Tatsache, dass die Serie der Wirklichkeit in keinem Punkt nachgibt. Und wie in allen erfolgreichen Dramen identifiziert man sich mit den Helden; diese Identifikation ist der eigentliche Grund zuzuschauen. Fox Mulder ist der ernsthafte New-Age-Sucher, als Psychologe ausgebildet, immer bereit, den Gesetzen der Physik mit Skepsis zu begegnen und weit weniger zur Skepsis gegenüber den Dingen geneigt, an die er seit langem glaubt. Dana Scully, die rationalere ›Skeptikerin‹, hat eine Ausbildung als Physikerin erhalten – immerhin! –, ehe sie zur Medizin überwechselte, und ihr Geschlecht bringt eine wunderbare Umkehrung des üblichen Fernsehklischees mit sich. Ich werde den Produzenten der Serie ewig dankbar sein, dass sie uns dieses Vorbild einer intelligenten, attraktiven und unerbittlich pragmatischen Physikerin gegeben haben. Sie ist die Folie für Mulders unaussprechlichen Eifer. Sie ist immer zur Stelle, um nach dem Warum zu fragen. Und manchmal tut sie es.

In der soeben geschilderten UFO-Episode erweist sich, dass Scully und Mulder außerirdische Raumflugkörper gesehen haben, die von erfahrenen Testpiloten der Air Force gesteuert werden. Die Piloten werden mit der Belastung, in diesen ihnen fremden Schiffen herumzudüsen, nicht fertig und machen sich aus dem Staub. Nun, es ist tatsächlich wahrscheinlich, dass irdische Piloten damit nicht zurande kämen, die fremden Raumschiffe aber auch nicht – und so viel hätte die Physikerin Scully wohl wissen müssen.

Kommen wir auf Newton zurück und betrachten wir kurz, welche Belastungen auftreten, wenn unser durchschnittliches UFO bei einem Flug mit, sagen wir, doppelter Schallgeschwindigkeit eine scharfe 90-Grad-Wendung macht. Die Schallge-schwindigkeit in der Luft beträgt etwa 1200 km pro Stunde oder 340 Meter pro Sekunde; stellen wir uns also vor, dass wir ein Objekt beobachten, das sich mit rund 700 m/s bewegt, und dass wir sehen, wie es im Winkel von 90° abbiegt. Mit anderen Worten, es hört plötzlich auf, sich vorwärts zu bewegen, und bewegt sich dann im rechten Winkel seitwärts; es kommt prak-tisch zum Stehen und setzt die Reise in einer anderen Richtung fort. Welche Kraft würde benötigt, um einen derart schnellen Flugkörper auf dem Punkt zum Stillstand zu bringen? Wir wol-len großzügig sein und sagen, dass das Gefährt zum Anhalten und Richtungswechsel eine Zehntelsekunde benötigt – ein Zeit-raum, kurz genug, dass man ihn als augenblicklich wahrneh-men kann. Nun, die Abbremsung des Raumfahrzeugs bei die-sem Manöver betrüge ungefähr das 700-fache der Beschleuni-gung, die die Schwerkraft auf einen fallenden Gegenstand an der Erdoberfläche ausübt. In der Sprache der g-Kräfte, wie sie Flugzeugpiloten, Raumfahrtfans und den Lesern meines voran-gehenden Buches vertraut ist, bedeutet das, dass der Insasse einer Kraft von 700 Ge* ausgesetzt ist. Ich erinnere daran, dass die größte Beschleunigungskraft, die Menschen für kurze Zeit ertragen und überleben können, nur bei etwa 8 Ge liegt. 700 Ge wären das Gleiche, als würde einem ein Gewicht von 35 Ton-nen auf die Schultern drücken (mehr oder weniger das, was man unter den fliegenden Untertassen von *Independence Day* empfinden würde).

Welche Auswirkungen hätte solch eine Kraft auf den Flug-körper selbst? Nun, stellen Sie sich ein Flugzeug vor, das in, sagen wir, 300 Meter Höhe plötzlich Motorschaden hat und ab-stürzt. Wenn es einen Krater von einem Meter Tiefe hinterlässt, schätze ich, dass die Kraft, die beim Aufschlag auf das Flugzeug wirkte, etwa 2800 Ge beträgt. Wenn man bedenkt, wie die meis-ten abgestürzten Flugzeuge aussehen, sollte man meinen, dass

---

* Ge: Gravity earth = Erdanziehung (in Meereshöhe)

kein Vehikel aus gewöhnlichem Metall die Flugübungen à la *Akte X* lange überstehen würde.

Doch Sie könnten einwenden, dass UFOs nicht aus gewöhnlichem Metall hergestellt werden. Die fortgeschrittenen Zivilisationen, die sie bauen, verwenden superstarke Materialien. Na schön – aber was ist mit den Außerirdischen selber? Wären sie imstande, Beschleunigungskräften von solchen Größenordnungen zu widerstehen? Ich sehe keine Möglichkeit dafür, es sei denn, sie haben sich in einer Umwelt entwickelt, die 40 Tonnen schwere Regentropfen hervorbringt.

Wie dem auch sei, welchen Zweck hat es, ein Raumfahrzeug so zu konstruieren, dass es rechtwinklig abbiegen und derlei mehr Flugkunststücke vollführen kann? Wie wir noch erörtern werden, stellt eine Reise durchs All hohe Anforderungen und mindestens 99,999 Prozent der Zeit werden im Weltraum verbracht. Es ist unwahrscheinlich, dass ein außerirdisches Raumschiff darauf zugeschnitten ist, sich in der Erdatmosphäre wie ein akrobatisches Sportflugzeug zu verhalten. Erinnern Sie sich an die *Apollo*-Missionen zum Mond? (Wenn Sie über vierzig sind, müssten Sie sich erinnern, und wenn nicht, dann sollten Sie den bemerkenswerten Film *Apollo 13* gesehen haben.) Die Mondlandefähre (LEM oder Lunar Excursion Module) war auffallend un-aerodynamisch. Warum? Weil ihre Hauptaufgabe darin bestand, von der Kommandokapsel in der Mondumlaufbahn zur Oberfläche des Mondes hinabzufliegen, wo Aerodynamik keine Rolle spielt, weil es keine Luft gibt. Unser gegenwärtiges Space Shuttle ist eher wie ein Flugzeug gebaut, doch das liegt daran, dass es einen wesentlichen und wichtigen Teil seiner Zeit mit dem Wiedereintritt in die Atmosphäre verbringt.

Wir neigen dazu, Außerirdischen menschliche Eigenschaften zuzuschreiben, und das kann uns durchaus dazu verleitet haben, ihre Raumflugkörper ebenso zu ›vermenschlichen‹. Den größten Teil des vergangenen Jahrhunderts über waren wir es gewohnt, durch die Luft zu reisen, also erscheint die Annahme natürlich, Flugkörper von anderen Planeten müssten auch für

Luftverkehr entworfen sein. Flugzeuge neigen sich in der Kurve, weil sie das müssen: Sie fliegen unter Verwendung des Luftdrucks – das heißt, weil der Luftdruck über den Tragflächen geringer als der darunter ist. Um also eine Rechtskurve zu fliegen, müssen sie die linke Tragfläche anheben und die rechte senken, was sie nach rechts drängt. Im Weltraum gibt es für ein Raumschiff keinen Grund, sich in der Kurve seitwärts zu neigen. Trotzdem kippen die *Enterprise* und Han Solos *Millennium Falke* in Kurven immer seitlich weg. Warum? Nun, die Antwort ist dieselbe wie auf eine andere Frage, die mir manchmal gestellt wird: »Warum klappt die *Voyager* die Warpgondeln hoch, wenn sie sich anschickt, in dem Warp-Transit zu gehen?« Ganz einfach: Weil es gut aussieht.

Im Sommer 1947 – in dem auch die berühmte Sichtung bei Roswell, New Mexico, stattfand – glaubte Kenneth Arnold, ein Pilot der Zivilluftfahrt, eine Formation silbriger Scheiben über dem Mount Rainier zu sehen, und die nachfolgenden Zeitungsgeschichten tauften seine Visionen ›fliegende Untertassen‹; seitdem sind untertassenförmige Flugkörper die erste Wahl für Zeugen außerirdischer Besuche. Warum nicht? Immerhin ist eine rotierende Scheibe zufriedenstellend stabil – sie kann Auftrieb erzeugen und widersteht dem Wegkippen. Ein scharfsinniger Herausgeber bemerkte mir gegenüber einmal: »Ist es nicht unheimlich, dass fliegende Untertassen beobachtet worden sind, bevor Frisbee-Scheiben erfunden wurden? Wir wissen jetzt, dass Frisbees sich großartig durch die Luft bewegen können. Wie sollen die frühen UFO-Beobachter das erraten haben?«

Rotierende Scheiben sind wirklich stabil und Frisbees fliegen gut. Doch beide Tatsachen sind weitgehend unbedeutend, wenn es um Raumflugkörper geht. Zunächst einmal wissen wir alle, was passiert, wenn man sich in einem einigermaßen schnell rotierenden Objekt befindet. Man wird gegen die Außenwand gedrückt. (Außerdem wird einem rasch übel, insbesondere, wenn man aus dem Fenster auf eine Umgebung schaut, die nicht mitrotiert.) Zwar ist das genau der Mechanismus, mit dessen Hilfe wir eines Tages auf Langzeit-Raumflügen künstliche Schwerkraft erzeugen werden – wie es Arthur C. Clarke und Stanley Kubrick in dem Klassiker *2001* so wunderbar dargestellt haben –, doch ein kleines Vehikel, das so schnell rotiert wie die Untertassen im Fernsehen, würde seine Besatzung wahrscheinlich bis zur Reglosigkeit gegen den Rand quetschen. Und einfach nur die Außenhülle allein rotieren zu lassen, würde auch nicht genügen, denn damit ein Objekt durch Rotation stabilisiert wird, muss der größte Teil seiner Masse rotieren.

Und schließlich sind, wie gesagt, interstellare (und sogar unsere eigenen interplanetaren) Flugkörper für die Reise im Weltraum entworfen. Ein Frisbee fliegt wegen seiner aerodynamischen Eigenschaften gut. Die Rotation gibt ihm nicht nur Stabilität, sondern vermindert den Luftdruck über der Scheibe im Vergleich zum Druck darunter. Wo es keine Luft gibt, ist dieser Effekt nutzlos. Im nahezu vollkommenen Vakuum des Weltraums würde ein Frisbee oder jede andere Untertassen-Form genauso funktionieren wie eine fliegende Brezel. Sollten wir eine Invasion fliegender Brezeln erwarten? Nun, die beste Antwort erhalten wir, wenn wir uns vorzustellen versuchen, was wir selbst bauen würden. Ob uns die Besucher aus dem All erobern oder zum Beitritt in ihre Föderation einladen wollen, sie werden zuvor dieselben Probleme gelöst haben müssen, vor denen wir stehen, wenn wir jemals unsere Fesseln der Bindung an die Erde sprengen wollen.

DREI

Kühn vorzudringen – wenn wir es uns leisten können

Der Weltraum ist groß. Verdammt groß. Du kannst dir einfach nicht vorstellen, wie groß, gigantisch, wahnsinnig riesenhaft der Weltraum ist. Du glaubst vielleicht, die Straße runter bis zur Drogerie ist eine ganz schöne Ecke, aber das ist einfach ein Klacks, verglichen mit dem Weltraum.

Douglas Adams,
Per Anhalter durch die Galaxis

Unlängst war ich in Genf, und mir fielen die Worte eines berühmten Mannes ein, der früher dort gelebt hat, Jean-Jacques Rousseau: »Der Mensch ist frei geboren und überall liegt er in Ketten.« Über dreißig Jahre sind vergangen, seit Menschen zum ersten Mal einen Fuß auf einen anderen Himmelskörper als die Erde gesetzt haben, und für die nahe Zukunft ist nicht einmal ein weiterer bemannter Flug zum Mond vorgesehen. Der Mars lockt uns; noch immer hoffen einige Wissenschaftler, dort rudimentäre Lebensformen zu entdecken, wie Analysen von Marsmeteoriten es nahelegen, und Bilder der NASA-Sonde Galileo weisen darauf hin, dass unter der gefrorenen Oberfläche des Jupitermondes Europa organischer Morast und vielleicht sogar ein Ozean liegen – ein urtümlicher Nährboden für Leben. Doch die Möglichkeit, dass Menschen in absehbarer Zeit zum Roten Planeten oder zu den Jupitermonden reisen, scheint sehr gering zu sein. Wir haben die Schwelle zum 21. Jahrhundert überschritten und sind als biologische Art so erdgebunden wie eh und je. Für jene, die sich danach sehnen, ihre irdischen Ketten abzustreifen, ist unsere Lage nahezu verzweifelt.

Unsere Gefangenschaft steht in krassem Gegensatz zu den Bildern, die von Leinwänden und Bildschirmen auf uns einströmen, wo Wesen ungehindert zwischen den Sternen reisen und dazu Fusions- und Warpantriebe, Hyperdrive, Wurmlöcher und Antigravitation benutzen – oder was sonst noch den Drehbuchautoren in den Kopf kommt. Wo liegt also unser Problem? Wie können wir von hier nach da gelangen? Nun ja, der springende Punkt bei alledem – sogar jenseits der Frage, was physikalisch plausibel ist und was nicht – ist das Geld. So kleinkariert es scheinen mag: Der wichtigste Faktor, der uns hindert, ein bemanntes Raumschiff auch nur zum Mars und zurück zu bringen – ganz zu schweigen von Alpha Centauri, dem nächsten Sternsystem, nur gut vier Lichtjahr entfernt –, ist unser Unvermögen, eine Mission mit einem Schiff zu finanzieren, das groß genug wäre, um den notwendigen Treibstoff und eine vernünftige Anzahl Astronauten für einen Langzeitflug unterzubringen.

Im wirklichen Leben und manchmal auch in der Science Fiction macht Geld den Unterschied zwischen dem aus, was – zumindest im Prinzip – geschehen könnte und dem, was tatsächlich geschieht. Ich erinnere daran, dass es das Geld war, genauer gesagt: der Geldmangel, was Gene Roddenberry veranlasste, den Transporter zu erfinden, mit dem sich die Besatzung der *Enterprise* auf Planeten ›hinabbeamen‹ kann – er hatte nicht genug Geld zur Verfügung, um im Verlauf jeder Episode die Landung eines Raumflugkörpers zu zeigen. Nach dreißig Jahren schließlich, im Vertrauen auf den siebten Film, der ein sicherer Kassenerfolg werden würde, und auf die vierte *Star Trek*-Fernsehserie, zeigte uns Paramount die Bruchlandung der *Enterprise* auf einem Planeten, und auch Kathryn Janeways *Voyager* ist – etwas sanfter – in mehreren Episoden gelandet. Nichts beflügelt die Phantasie eines Drehbuchautors so sehr wie Geld – man denke an die Worte, die Kevin Smith, dem Autor des neuen *Superman*-Films von 1998, zugeschrieben werden: »Das Budget ist groß. Allmächtiger Gott, ist es groß!« Soweit es die wirkliche Raumfahrt betrifft, findet Geld seinen Ausdruck nicht in Extras der Filmproduktion (zumindest, wenn man glaubt, dass die NASA tatsächlich Menschen auf den Mond gebracht und nicht die ganze Sache in einem abgelegenen Hollywood-Studio inszeniert hat), sondern in *Energie*. Energie wiederum bedeutet Treibstoff.

Dieser Aspekt unseres Problems mag zunächst verblüffend erscheinen. Schließlich waren wir vor zwei, drei Jahrzehnten imstande, eine bemannte Kommandoeinheit mitsamt Mondlandefähre mit Raketen zum Mond und zurück zu schießen; seither sind die Raketenmotoren sicherlich nicht weniger leistungsfähig geworden! Natürlich befindet sich der Mars etwa tausendmal weiter von der Erde entfernt als der Mond, was zunächst zu bedeuten scheint, dass bei gleicher Geschwindigkeit eine Reise dorthin tausendmal länger oder fast zehn Jahre für eine Richtung dauern würde – beim gegenwärtigen Stand unserer Raumtechnik zu lang für jede bemannte Mission. Doch die Erde brettert mit einer Geschwindigkeit um die Sonne, die rund zwanzigmal größer ist als die Geschwindigkeit, mit der *Apollo* zum Mond flog. Ein Raumflugkörper, der aus der Erdumlaufbahn zum Mars startet, bekommt also schon eine beachtliche Geschwindigkeit relativ zum Mars mit auf den Weg. Wenn man die Umlaufgeschwindigkeit der Erde als Sprungbrett für eine Rakete zum Mars benutzt, würde die Reise in einer Richtung nicht mehr als ein halbes bis ein ganzes Jahr dauern, vorausgesetzt, dass sich die Rakete nur mit der zwei- bis dreifachen *Apollo*-Geschwindigkeit von der Erde fortbewegt.

Wo also, wiederhole ich, liegt das Problem? Nun ja, die erwähnte Steigerung der Geschwindigkeit mag nicht viel erscheinen, doch sie kommt teuer zu stehen. Um das zu verstehen, müssen wir uns erinnern, wie eine Rakete funktioniert. Der Raketenantrieb beruht auf einem physikalischen Gesetz namens Impulserhaltungssatz. Einfach formuliert besagt dieses Gesetz, dass ich, wenn ich etwas von mir wegwerfe, selbst in die entgegengesetzte Richtung zurückgestoßen werde. Raketen werden nach vorn ›gestoßen‹, weil sie hinten Masse ausstoßen. Die Geschwindigkeit, mit der die Rakete vorangetrieben wird, hängt von drei Faktoren ab: von der Geschwindigkeit, mit der der Antriebsstoff am hinteren Ende ausströmt, von der Masse des ausströmenden Antriebsstoffes und von der Masse der Rakete einschließlich des noch an Bord befindlichen Treibstoffs. So fliegt beispielsweise ein aufgeblasener Luftballon fort, wenn er nicht zugebunden ist und ich ihn loslasse, weil er am hinteren Ende rasch Luft ausstößt. Wenn der Ballon nicht so leicht wäre – sagen wir, wenn er aus Beton bestünde –, würde er nirgendwo hinfliegen. Ebenso wenig, wenn der Ballon nur schwach aufgeblasen ist, sodass seine Wandung wenig gedehnt ist und die Luft sehr langsam ausströmt.

Solange es um Luftballons geht, braucht man sich nicht um die zusätzliche Masse zu kümmern, die der Luft im Innern entspricht. Anders bei Raketen: Sie benötigen so viel Treibstoff, dass dessen zusätzliches Gewicht nicht vernachlässigt werden kann. Und da ist der Haken: Wenn ich will, dass meine Rakete schneller fliegt, muss ich mehr Antriebsstoff ausströmen lassen; wenn ich aber mehr ausströmen lassen will, muss ich mit mehr Antriebsstoff an Bord starten. Wenn ich aber mehr Treibstoff an Bord habe, muss ich etwas mehr Antriebsstoff ausströmen lassen, um das Schiff (plus Treibstoff) überhaupt in Schwung zu bringen. Das heißt aber, dass ich noch mehr Antriebsstoff an Bord nehmen muss... und so weiter, und so fort.

Der griechische Philosoph Zenon sah sich vor gut zweitausend Jahren einem ähnlichen Problem gegenüber, als er versuchte, unendliche Zahlenfolgen zu addieren. Die Lösung ist immer noch dieselbe: Solange die Zahlen, die ich addiere, schnell genug kleiner werden, kann sogar eine unendliche Zahlenfolge eine endliche Summe haben. Werden also die Treibstoffmengen, die man hinzufügen muss, schnell genug kleiner? Wie sich zeigt, lautet die Antwort »ja« – zumindest, solange man deutlich unter der Lichtgeschwindigkeit bleibt; wenn man sich der Lichtgeschwindigkeit nähert, beginnen die Effekte der Relativität die Sache komplizierter zu machen. Nichtsdestoweniger hängt die Gesamtmenge des benötigten Treibstoffs stark – nämlich exponentiell – von der Endgeschwindigkeit des Schiffes im Verhältnis zu der Geschwindigkeit ab, mit der der Antriebsstoff das Schiff verlässt.

Wenn diese End- oder Reisegeschwindigkeit höher wird als die Austrittsgeschwindigkeit des Antriebsstoffes, wird die Sache unhandlich. Falls man die Endgeschwindigkeit einer Rakete von der einfachen Austrittsgeschwindigkeit des Antriebsstoffes auf die doppelte erhöhen will, braucht man viermal so viel Treibstoff. Erhöht man aber die Endgeschwindigkeit auf das Vierfache der Geschwindigkeit, mit der der Antriebsstoff das Schiff verlässt, wächst die notwendige Treibstoffmenge auf mehr als das Dreißigfache! In diesem Fall würde die Startmasse des Schiffes mit Treibstoff etwas 55-mal die Masse des Schiffes ohne Treibstoff betragen.

In der Praxis liegen die Dinge sogar noch schlechter, als diese ›Raketengleichung‹ besagt, denn ein Schiff, das eine unproportional große Menge Treibstoff mitführen soll, muss zweifellos stabiler gebaut sein, als es sonst wäre, und wird deshalb mehr wiegen. Es ist allgemein unmöglich, genug Treibstoff mitzuführen, um ein Schiff schneller als das Drei- bis Vierfache der Ausströmgeschwindigkeit werden zu lassen.

Und es kommt noch schlimmer. Sogar ein Flug zu den nächsten Planeten und zurück wäre im günstigsten Fall eine mehrjährige Angelegenheit. Man muss daher ein Raumschiff entwerfen, welches über lange Zeit hinweg die Astronauten beherbergen, ernähren und mit atembarer Atmosphäre versorgen kann. Solch ein Raumschiff müsste wesentlich mehr als die Apollo-

Kapsel wiegen. Da die Gesamtmenge des benötigten Treibstoffs ein feststehendes Vielfaches vom Gewicht des Raumschiffs ist, bedeutet das, dass für einen Flug zum Mars viel mehr Treibstoff als für einen Mondflug gebraucht würde, selbst wenn die Geschwindigkeit nicht größer zu sein brauchte.

Dann ist da die Frage der Rückkehr. Der Mars hat ein stärkeres Gravitationsfeld als der Mond; um also eine Flugbahn zurück zur Erde zu erhalten und eine Geschwindigkeit relativ zum Mars zu erreichen, die der auf dem Hinflug vergleichbar ist, müsste man für den Rückflug eine vergleichbare Menge Treibstoff mitführen. Das heißt, dass das Verhältnis des für die Rückreise benötigten Treibstoffs zur Masse des nun leichteren Schiffes ähnlich dem Verhältnis beim Hinflug ist.

Wenn aber dieser Treibstoff auf dem Hinflug mitgenommen werden soll, muss er zur Masse des Raumschiffs addiert werden, wenn man den anfänglichen Treibstoffbedarf errechnet. Um eine Vorstellung von dem Problem zu bekommen, können Sie annehmen, dass man, um auf die notwendige Geschwindigkeit zu kommen, fünfmal soviel Treibstoff braucht, wie das Schiff mit leerem Tank wiegt. Wenn für den Rückflug dasselbe Verhältnis gilt, dann muss man auf dem Mars mit einem Raumschiff landen, das sechsmal soviel wie das leere Schiff wiegt – nämlich die Masse des leeren Schiffes plus die fünffache Menge an Treibstoff für die Rückreise.

Das würde bedeuten, dass beim Start von der Erde die Masse des Raumschiffs plus Treibstoff 36-mal größer als die Masse des leeren Schiffs sein müsste! Darin enthalten sind die Masse des leeren Schiffs und der Treibstoff für den Rückflug plus das Fünffache *davon* an Treibstoff für den Hinflug. Ich möchte diesen Punkt unterstreichen, denn eine ähnliche Rechnung in meinem vorigen Buch – wo es um die Treibstoffmenge geht, die die *Enterprise* benötigt, um auf halbe Lichtgeschwindigkeit zu kommen und wieder anzuhalten – hat mehr Post als jedes andere Thema veranlasst. Die Gesamtmenge des benötigten Treibstoffs ist nicht 6 *plus* 6 (also 12) Mal die Masse des leeren Raumschiffs, sondern 6 *mal* 6 (also 36) Mal. Ziemlich schnell, um einen Ausspruch von Robert Zubrin abzuwandeln, vormals Raketeningenieur bei Lockheed-Martin, kommt man so zu Raumschiffformaten von *Battlestar Galactica*! In diesem Lichte betrachtet, waren die monströsen fliegenden Untertassen in *Independence Day* vielleicht doch nicht so unrealistisch – womöglich mussten sie so groß sein, damit all der Treibstoff hineinpasste!

Das oben geschilderte Szenario entschied mehr oder weniger über den Ausgang, als die NASA 1989 zum ersten Mal offiziell einen bemannten Flug zum Mars in Erwägung zog. Der Preis für das Monsterschiff? Zwischen 400 und 450 Milliarden Dollar! Bei diesen Kosten würde eine bemannte Mission zum Mars zeit unseres Lebens ein frommer Wunsch bleiben – und dieses Projekt ist ein Klacks gegen die Anforderungen an einen Flug aus dem Sonnensystem hinaus zu anderen Sternen. Jeder Aspekt solch einer Reise würde die erwähnten Treibstoffprobleme verschärfen.

Unsere Galaxis ist nämlich *wirklich* groß. Sogar die Entfernung zum nächsten Stern ist viele tausend Mal größer als die Entfernung quer durch unser Sonnensystem. Bei den gegenwärtig zu erreichenden Geschwindigkeiten würde eine Reise zum nächsten Stern nur in eine Richtung weit über 10 000 Jahre dauern! Selbst mit Geschwindigkeiten nahe der Lichtgeschwindigkeit würde die Suche nach Leben auch nur auf den nächsten Sternsystemen viele Jahrhunderte in Anspruch nehmen. (Deshalb liegt Ripley in den *Alien*-Filmen im Kälteschlaf.) Und es gibt allein in unserer Galaxis mindestens hundert Milliarden Sterne, während die Milchstraße nur eine von über hundert Milliarden Galaxien im der Beobachtung zugänglichen Teil des Weltalls ist.

Zweifellos müssten wir, um in für Menschen geeigneten Zeitmaßstäben außerhalb unseres Sonnensystems zu reisen, Geschwindigkeiten erreichen, die weit über den derzeit möglichen liegen. Um die Ausmaße des Problems zu würdigen, wollen wir betrachten, wie viel Treibstoff an Bord sein muss, um ein Raumschiff auf ein Viertel der Lichtgeschwindigkeit zu beschleunigen, sodass eine Reise zu Alpha Centauri nur zehn Jahre dauern würde. (Ich will außer Acht lassen, dass man zum Abbremsen mindestens ein Jahr brauchen würde, wenn die Besatzung es überleben soll.) Wenn wir die Raketengleichung benutzen – die, wie gesagt, den Treibstoffbedarf untertreibt – und konventionellen Raketentreibstoff annehmen, dann betrüge der Treibstoffbedarf das $10^{20\,000}$-fache der Nutzlast – man müsste Letztere also mit einer Eins vor 20 000 Nullen multiplizieren! Um auf diese Weise ein einziges Atom zum nächsten Stern zu befördern, bräuchte man mehr Treibstoff als die gesamte Materie im bekannten Weltall! Ich glaube, sogar der Kongress würde begreifen, dass es so nicht geht.

Der Schwachpunkt in dieser Rechnung ist natürlich der herkömmliche Treibstoff. Niemand hat je ernstlich den Versuch vorgeschlagen, die Sterne mit Raketen von der Art zu erreichen, wie wir sie für die Erdumlaufbahn verwenden. Aber es findet eine Menge kreatives Nachdenken in der Sache statt, daher behaupten einige Leute, zumindest ein bemannter Marsflug in den nächsten ein, zwei Jahrzehnten sei ein vernünftiges Ziel. Und weiter – wer weiß? Die Zwänge der Raumfahrt verlangen von uns (und von allen Außerirdischen da draußen, die herkommen wollen, egal, wie hoch ihre Technik entwickelt ist), zwei einfache Ideen anzuwenden, die sonderbarerweise beide in die vorausahnenden sechziger Jahre zurückreichen: *Small is beautiful* (Klein ist schön) und *Live Off the Land* (Vom Lande leben).

VIER

Ein kosmisches Golfspiel

Scully: Warum ist es hier drin
so dunkel?
Mulder: Weil das Licht aus ist.

Ob Sie nun Han Solo, Jean-Luc Picard oder ein schleimiger Alien sind: Die größte Herausforderung, vor der Sie stehen, wenn Sie Ihre Triebwerke zünden, ist nicht, mit der Leichtigkeit eines Kolibris am Himmel hin und her zu huschen. Sondern überhaupt erst einmal in Bewegung zu kommen.

Die Größe ist nicht wichtig, bekommen manche von uns oft zu hören, aber so tröstlich das in bestimmten Situationen sein mag, auf den Bau von Raumschiffen trifft es nicht zu. Sagen wir, Sie sind auf sehr rutschiges Eis geraten. Die einzige Möglichkeit wegzukommen, besteht darin, dass Sie Rückstoß benutzen. Sie könnten sich sehr wirksam von einem Felsbrocken auf dem Eis abstoßen. In diesem Fall bewegt sich die große Masse (der Felsbrocken) langsam weg, wenn Sie sich abstoßen, und Sie bewegen sich sehr schnell weg. Wenn man aber seinen Treibstoff mitbringen muss, würden die wenigsten Leute darauf setzen, zu diesem Zweck einen Felsen mitzunehmen. Stattdessen könnten Sie Ihren Rucksack leichter packen, mit einem Golfschläger und Golfbällen. Wenn Sie sich auf dem Eis bewegen wollen, packen Sie die Bälle aus, legen immer einen aufs Eis und schlagen ihn weg. Da die Bälle leicht sind, lässt keiner Sie rasch in die entgegengesetzte Richtung gleiten. Da Sie aber jeden Golfball viel schneller wegzuschlagen vermögen als einen schweren Felsbrocken zu werfen und da beim weggeschleuderten Antriebsmittel die Kombination von Masse *und* Geschwindigkeit zählt, können Sie, wenn Sie Ihren letzten Golfball verbraucht haben, wesentlich schneller sein, als wenn Sie einfach einen Felsbrocken geworfen hätten.

Der soeben geschilderte Prozess entspricht nicht der Intuition – wahrscheinlich, weil die meisten Menschen (ich bin da keine Ausnahme) unverzügliche Belohnung vorziehen. Doch Äsop hatte Recht – wer langsam und stetig geht, kommt am weitesten, wenn ›langsam und stetig‹ sich auf die Beschleunigung bezieht. Wenn es wichtiger ist, am Ende eine höhere Reisegeschwindigkeit zu erreichen, als möglichst schnell auf eine Reisegeschwindigkeit zu kommen – was in der Raumfahrt zweifellos der Fall ist, anders als etwa beim Abfeuern einer Boden-Luft-Rakete –, dann braucht man weniger *Schubkraft*, die rasche Beschleunigung beim Ausstoßen einer großen Menge Antriebsstoffes, sondern *Impuls*, die große Endgeschwindigkeit, die man erhält, wenn man stetig kleine Mengen von Material sehr schnell ausströmen lässt. (Angesichts des Tempos, mit dem die Reisegeschwindigkeit erreicht wird, wenn Jean-Luc Picard den Impulsantrieb an Bord der *Enterprise* aktivieren lässt, müsste er wohl eher Schubkraft-Antrieb heißen.)

Welche existierenden und möglichen Gegenstücke zu ›Golfbällen‹ werden derzeit erforscht? Was man braucht, sind offensichtlich leichte Geschosse und die Energie, um sie sehr schnell wegzuschießen. Das leichteste existierende Atom ist das des Wasserstoffs (1 Proton plus 1 Elektron), und praktisch alle Entwürfe benutzen es als Antriebsstoff. Die Energiequelle, mit der man den Antriebsstoff auf Geschwindigkeit bringt, hängt von der verfügbaren Technik ab. Die aussichtsreichsten Kandidaten auf kurze Sicht sind nuklear-thermische Raketen, wie sie gegenwärtig von einer Gruppe am Lewis Research Center der NASA unweit meines Wohnortes Cleveland, Ohio, untersucht werden. Dabei erhitzt ein Kernreaktor einfach eine Flüssigkeit – beispielsweise flüssigen Wasserstoff – auf eine so hohe Temperatur, wie sie gerade noch sicher zu handhaben ist (bei den

gegenwärtigen Materialien ca. 2500°C), und lässt dann den
›Dampf‹ am hinteren Ende des Reaktors entweichen. Auf diese
Weise sind experimentell Ausströmgeschwindigkeiten bis zu
zehn Kilometern pro Sekunde erreicht worden, oder $1/300$ Prozent der Lichtgeschwindigkeit.

Während diese Geschwindigkeit vielleicht nicht ausreichend
erscheint, um sich auf interstellare Reisen zu begeben, wäre sie
ein Segen für interplanetare Flüge. Mit Hilfe dieser Technik
könnte man ein Schiff zum Mars und zurück schicken und
würde nur das Fünf- bis Zehnfache der Nutzlast an Treibstoff
brauchen. Das Problem besteht darin, dass die benötigte Kern-
reaktortechnik von großem Kaliber und derzeit nicht besonders
populär ist. Wenn sich jedoch das gesellschaftliche Klima ändert und die Verwendung von Kernreaktoren im Weltraum akzeptiert wird, könnte sich das so genannte nuklear-elektrische
Antriebssystem als bessere Möglichkeit erweisen. In diesem System wird Kernkraft nicht benutzt, um Gas als Antriebsmittel
aufzuheizen, sondern mit der vom Reaktor erzeugten Hitze
wird Elektrizität erzeugt, wie es gegenwärtig auf der Erde geschieht. Man könnte dann große elektromagnetische Felder
benutzen, um Atomkerne (wie das Proton, welches den Kern
des Wasserstoffatoms bildet) zu beschleunigen, ganz so, wie wir
es derzeit in den großen Teilchenbeschleunigern tun, um die
grundlegende Struktur der Materie zu erforschen. In den Versionen, die untersucht worden sind, fliegen diese geladenen
Teilchen hinten mit nahezu 50 Kilometern pro Sekunde aus
dem Motor. (Moderne Teilchenbeschleuniger bringen Partikel
fast auf Lichtgeschwindigkeit, doch diese Anlagen sind in der
Regel viele Kilometer lang und erfordern gegenwärtig weitaus
größere Energiequellen, als in einem Raumschiff zur Verfügung
stünden.) Auf diese Weise könnte man Raketen für interplanetare Flüge bauen, die nur zwei bis vier Mal die Masse der Nutzlast als Treibstoff benötigen, und vor allem könnte man Geschwindigkeiten erreichen, mit denen man sogar zu den äußeren Planeten in Monaten statt in Jahren gelangen könnte.

Keine dieser Techniken wäre jedoch für den fast lichtschnellen Flug von Nutzen, den man braucht, um die Sterne zu erreichen. Wenn man diese Geschwindigkeiten durch inneren Antrieb erzielen wollte, würde man einen Antriebsstoff benötigen, der mit einem nennenswerten Bruchteil der Lichtgeschwindigkeit ausströmt.

Hier betritt *Star Trek* die Szene. Der eben erwähnte Impulsantrieb der *Enterprise*, den sie für Flüge im Unterlichtbereich nutzt, wird durch Kernfusion mit Energie versorgt. Das ist exakt die Methode, die man in Wirklichkeit verwenden würde, um nahe an die Lichtgeschwindigkeit heranzukommen. Wenn man Wasserstoffkerne – oder die Kerne seines schweren Verwandten, dem Wasserstoff-Isotop Deuterium – zu Helium verschmilzt oder ›fusioniert‹, ist die freigesetzte Energie groß genug, um den Heliumkernen Stöße zu geben, die sie mit rund 5 Prozent Lichtgeschwindigkeit wegfliegen lassen. Man kann sich zumindest im Prinzip vorstellen, ein Raumschiff auf das Drei- bis Vierfache dieses Wertes zu beschleunigen, wobei der Treibstoff weniger als des Hundertfache der Nutzlast wiegt – eine Menge, wegen der man natürlich noch kein Aufhebens machen muss.

Sogar hier bringt der Erfolg neue Probleme mit sich. Derselbe Grund, weswegen Fusion so wirksam ist – die große freigesetzte Energiemenge –, gibt auch zu Befürchtungen Anlass. Wie sichert man, dass die gesamte Energie hinten herauskommt und nicht das Triebwerk schmelzen lässt – oder gleich das ganze Raumschiff? Denken Sie daran, wie viel Wärme die fliegenden Untertassen in *Independence Day* erzeugen müssten! Natürlich ist das, wie wir Physiker zu sagen pflegen, ein ingenieurtechnisches Problem – also wollen wir uns keine Gedanken darum machen.

Doch es gibt andere Probleme. Wenn man nicht nur starten, sondern am Ziel auch anhalten will, muss man den fürs Bremsen benötigten Treibstoff mitnehmen, also ebenso viel, wie für den Start gebraucht wurde. Das heißt, beim Start braucht man nicht nur Treibstoff von der hundertfachen Masse der Nutzlast, sondern das Hundertfache von der Nutzlast *plus* dem zum

Bremsen benötigten Treibstoff, also rund das 10 000-fache der ursprünglichen Nutzlast. Und das nur, um zu starten und am Ziel zu bremsen! Der Treibstoff für den Rückflug ist darin noch nicht enthalten.

Eine Lösung könnte es sein, sich nicht mit einem Antriebsstoff abzugeben, der sich langsamer bewegt als das Licht selbst, wenn wir mit nahezu Lichtgeschwindigkeit fliegen wollen. Warum also nicht einfach hinten ein Lichtbündel abstrahlen, um zu beschleunigen? Das Problem dabei ist, dass sichtbares Licht eine außerordentlich kleine Menge Energie in sich trägt. Obwohl man also im Prinzip fast auf Lichtgeschwindigkeit beschleunigen könnte, indem das Raumschiff aus seinem Triebwerk Licht, also einen Laserstrahl aussendet, würde es unglaublich lange dauern. Kommen wir auf das Beispiel mit der Eisfläche zurück: Sichtbares Licht abzustrahlen, entspricht dem Fortschleudern von Reiskörnern. So gelangt man schließlich ans Ufer, doch man braucht eine ungeheure Menge Reis, um in Fahrt zu kommen. Wie man einzelne Atome mit Laserlicht beschleunigt und abbremst, ist im Labor vorgeführt worden, und es funktioniert gut. Leider bestehen wir und unser Schiff aus einer schrecklich großen Menge einzelner Atome.

Wir sollten jedoch nicht verzweifeln, denn es gibt eine Methode, Strahlung mit viel höherer Energie zu erzeugen, als wir sie normaler Weise mit Lasern hervorbringen. Wenn wir ein Materieteilchen nehmen und es mit einem Teilchen Antimaterie annihilieren, können die Produkte dieses Prozesses nahezu mit Lichtgeschwindigkeit davonschießen, und vor allem führen sie die gesamte ursprüngliche Energie des annihilierten Materie-Antimaterie-Paars mit sich – ganz so, als hätte man die ursprünglichen Teilchen mit annähernd Lichtgeschwindigkeit ausgestoßen. Dieser Prozess ist für Raketenantriebe maßgeschneidert. Wie Bombenhersteller zu sagen pflegen: Einen größeren Knall kriegen Sie nicht für Ihr Geld.

Antimaterie mag nach purer Science Fiction klingen und spielt in der Tat eine zentrale Rolle beim Antrieb in *Star Trek*.

Doch sie ist durchaus keine Fiktion. Hier ist ein knapper Überblick angebracht: Das Vorkommen von Antimaterie in der Natur ist eine zwingende Konsequenz aus der Relativitätstheorie im Verein mit den Gesetzen der Quantenphysik, die die Natur subatomarer Teilchen beschreiben, wozu ich später noch viel zu sagen habe. Antiteilchen sind mit ihren normalen Gegenstücken in jeder Beziehung identisch – dieselbe Masse, derselbe Spin usw. –, haben aber die entgegengesetzte elektrische Ladung; ein paar andere, weniger klare Eigenschaften sind ebenfalls umgekehrt. Wenn ein Teilchen und sein Antiteilchen in Wechselwirkung treten, annihilieren sie sich zu reiner Strahlung, welche die in ihren Massen gespeicherte Energie mit sich führt. 1930 war klar geworden, dass Antimaterie existieren muss, und (zufällig) zwei Jahre später wurde unter den Teilchen der kosmischen Strahlung, die aus dem Weltraum auf die Erde niedergeht, das Antiteilchen zum Elektron entdeckt.

Das Problem ist nun, dass man generell schwer an Antimaterie herankommt. Es existiert nicht viel davon im Weltall, wenngleich eine während der Entstehung dieses Buches gemachte Entdeckung die Annahme erlaubt, dass es im Zentrum unserer Galaxis eine brauchbare Quelle für Antimaterie gibt – wenn wir nur hingelangen und sie anzapfen könnten. (Der einzige praktikable Weg, hinzugelangen und sie anzuzapfen, könnten lichtschnelle Schiffe sein, die mit Antimaterie angetrieben werden.) In meinem vorigen Buch habe ich ausführlich geschildert, wie wir auf der Erde in unseren großen Teilchenbeschleunigern tatsächlich geladene Antimaterie-Teilchen erzeugen. Ich habe jetzt Gelegenheit, diese Darlegung zu aktualisieren, indem ich ein paar neue experimentelle Entdeckungen beschreibe. Ich habe zwar seinerzeit vorhergesagt, dass solche Ergebnisse in diesem Jahrzehnt erreicht werden würden, mich aber beim Ort der Entdeckung schwer geirrt.

Die große Neuigkeit des Jahres 1996 war die erstmalige Erzeugung von neutralen Antiatomen im CERN-Labor in Genf (dem europäischen Kernforschungszentrum). Antiatome sind der experimentelle heilige Gral der Antimaterie-Forschung. Die Antiteilchen, die wir normalerweise in unseren Labors erzeugen, sind die Gegenstücke zu Elementarteilchen – Protonen etwa oder Elektronen –, nicht die Atome, die aus der Kombination dieser Teilchen zusammengesetzt sind. Diese elektrisch geladenen Antiteilchen sind nicht übermäßig exotisch, außer dass sie die entgegengesetzte elektrische Ladung ihrer Partner haben. Doch Atome sind elektrisch neutral (was sehr gut ist, denn sonst wären die elektrischen Kräfte in und zwischen uns allen groß genug, um uns völlig zu zermalmen oder vielleicht vorher explodieren zu lassen).

Es gibt ein grundlegendes Theorem in der Physik: Wenn das Universum aus Antimaterie statt aus Materie bestünde, dann hätte die Antimaterie Antiatome gebildet, die sich im Grunde wie normale Atome verhalten würden. Antisterne würden wie normale Sterne aussehen – sie würden dieselben Lichtfrequenzen ausstrahlen – und Anti-Basebälle würden ebenso schnell zur Anti-Erde fallen wie normale Basebälle zur normalen Erde. Anti-Kirks würden nicht böse sein, und Anti-Spocks würden weder lachen noch sich Bärte wachsen lassen. Obwohl keiner der indirekten Tests, die wir bisher durchgeführt haben, daran zweifeln lässt, gibt es einen direkten Test, den wir noch nicht durchgeführt haben. Bis 1996 haben wir nie beobachtet, dass sich Antiprotonen mit Antielektronen zu Antiatomen kombinieren. Solange wir keine Antiatome hatten, konnten wir nicht direkt mit ihnen experimentieren, um zu sehen, ob sie sich wie normale Materie verhalten.

Die ersten im CERN erzeugten Antiatome wurden auf recht exotische Weise hergestellt. Wenn sehr hochenergetische Teilchen mit einem dünnen Target (einer Art Zielscheibe) zusammenstoßen, werden alle Arten von neuen Teilchen erzeugt, die hinter dem Target in derselben Richtung wie das ursprüngliche Teilchenbündel ausströmen. Wenn man ein sehr hochenergetisches Bündel Antiprotonen nimmt (die im CERN benutzt werden, um die grundlegende Struktur der Materie zu erforschen) und ein Target mit diesem Bündel bombardiert, sind manche von den erzeugten neuen Teilchen Positronen, die Antiteilchen von Elektronen. Sehr selten kann es vorkommen, dass ein Positron hinter dem Target mit einer Geschwindigkeit ausgestoßen wird, die der Geschwindigkeit der restlichen Antiprotonen ähnelt, die ihren Weg durch das Target finden. Diese Positronen bewegen sich dann parallel zu den Antiprotonen, und wenn man Glück hat, fügen sich ein Positron und ein Antiproton zu einem Antiwasserstoffatom zusammen.

Im CERN-Beschleuniger bewegten sich die Antiwasserstoffatome fast mit Lichtgeschwindigkeit und wurden binnen ein paar Millionstel Sekunden vernichtet. Dieser Zeitraum war viel zu kurz, um exakte Experimente mit diesen Antiatomen durchzuführen. Man möchte gern Antiwasserstoff in Ruhe im Labor erzeugen und ihn über einen nennenswerten Zeitraum aufbewahren. Dann könnte man beispielsweise sehen, ob Antiwasserstoffatome im Gravitationsfeld der Erde exakt so schnell wie Wasserstoffatome fallen oder nicht. Oder man könnte die Antiwasserstoffatome mit elektrischem Strom anregen, um zu sehen, ob sie Licht von genau denselben Frequenzen wie Wasserstoff aussenden oder nicht.

Genau das versuchen die Experimentalphysiker im CERN zu tun. Es ist Geld zugewiesen worden, um einen Antiprotonen-Verzögerer zu bauen, der im Synchrotron des CERN erzeugte Antiprotonen verlangsamen wird, sodass sie eingefangen, weiter abgekühlt und mit im Labor vorrätigen Positronen kombiniert werden können, damit sich kleine Mengen stabilen Antiwasserstoffs bilden.

Doch wie, werden Sie vielleicht fragen, kann Antiwasserstoff aufbewahrt werden, damit man mit ihm experimentieren kann? Wenn die Antiwasserstoffatome auf die Wand des Behälters treffen, der aus gewöhnlicher Materie besteht, können sie und die Protonen und Elektronen der Wand sich gegenseitig annihilieren. Geladene Antimaterie lässt sich leicht in einem Kasten aufbewahren, ohne dass sie mit den Wänden in Berührung kommt. Geladene Teilchen (sagen wir Antiprotonen) bewegen sich im Kreis, wenn sie sich in einem Magnetfeld befinden. Sie können daher in einer so genannten Magnetflasche festgehalten werden – einem Torus, einem doughnutförmigen Ring mit einem Magnetfeld darin, der die Teilchen um den Mittelpunkt kreisen lässt, fern von den Wänden. Auf diese Weise bewahren wir gegenwärtig Antimaterie-Teilchen in Teilchenbeschleunigern auf. In meinem letzten Buch habe ich die Autoren von *Star Trek* dafür kritisiert, dass sie die Antimaterie der *Enterprise* an Bord des Schiffes in Form von Antideuterium-Atomen (Antiatomen des schweren Wasserstoffs) aufbewahren statt als geladene Antiprotonen, was viel einfacher wäre.

Ich glaube nun, ich bin mit den Autoren ein wenig zu hart ins Gericht gegangen. Einer der Gründe, warum man Antimaterie-Treibstoff lieber als Atome denn getrennt als positiv und negativ geladene Teilchen aufbewahrt, ist derselbe, weswegen das CERN versucht, neutrale Antiatome zu schaffen, abzukühlen und aufzubewahren. Wenn man letzten Endes eine große Menge Material zusammenbringen will – seien es Tausende von Antiatomen wie im CERN oder Trilliarden Antiatome wie in einem Raumschiff –, dann kann man nicht mehr mit geladenen Teilchen arbeiten. Die elektrische Abstoßung zwischen gleichartig geladenen Objekten ist so unvorstellbar groß, dass es praktisch unmöglich ist, große Mengen davon in sinnvoller Dichte aufzubewahren. Wenn die Erde im Durchschnitt ein einziges zusätzliches Elektron pro fünf Milliarden Tonnen Material enthalten würde, dann würde die abstoßende Kraft, die auf ein Elektron an der Erdoberfläche wirkt, die Gravitationskraft aufheben. Noch mehr zusätzliche Elektronen pro Erdmaterial – und die Erde würde explodieren!

Wie also kann man neutrale Antiatome einfangen und aufbewahren? Man verwendet wieder Magnetismus, doch diesmal auf raffiniertere Weise. Der Kern eines Antiwasserstoffatoms besteht aus einem einzelnen Antiproton. Da grundlegend für alle Antiprotonen (wie für Protonen) gilt, dass sie eine ›Kernspin‹ genannte Eigenschaft haben, verhalten sie sich wie kleine Magnete. In einem starken äußeren Magnetfeld ist der Spin so ausgerichtet, dass sich ein schwächeres inneres Magnetfeld am äußeren auszurichten versucht – weil es mehr Energie erfordern würde, sich beispielsweise in umgekehrter Richtung auszurichten. Wenn man nun Antiwasserstoffatome erzeugt und sie auf ein paar Tausendstel Grad über dem absoluten Nullpunkt abkühlt (wozu wir heute bemerkenswerter Weise imstande sind), dann wird praktisch keins der Antiatome genug Energie haben, um seinen Spin entgegen dem äußeren Magnetfeld auszurichten. Stellen wir uns also vor, dass wir einen Haufen sehr kalter Antiatome haben, deren Spins alle in dieselbe Richtung orientiert sind, und wir bringen sie in einen Behälter, um den außen herum ein starkes Magnetfeld in entgegengesetzter Richtung aufgebaut wird. Wenn die Atome kalt genug sind, wird keins davon genug Energie haben, um sich im äußeren Bereich eines starken Magnetfelds aufzuhalten, also werden sie dazu neigen, sich im Zentrum zusammenzuballen. Man hat also eine Magnetfalle.

Magnetfallen sind schon mit Erfolg benutzt worden, um normale Atome festzuhalten, und das Prinzip müsste bei Antiatomen ebenso gut funktionieren, wenn wir erst einmal welche herstellen. Solch ein Programm sollte im CERN 1999 in Angriff genommen werden. Die geschätzten Kosten des Antiprotonen-Verzögerers belaufen sich auf etwa fünf Millionen Euro; er sollte es erlauben, pro Stunde rund tausend Antiatome festzuhalten und aufzubewahren. Das sind etwa 9 Millionen Antiatome pro Jahr; bei diesem Tempo würde es etwas mehr als das Millionenfache vom gegenwärtigen Alter des Weltalls dauern, bis genug Antiatome beisammen sind, um eine Stubenfliege auf annähernd Lichtgeschwindigkeit zu bringen.

Antimaterie-Antrieb ist also momentan nicht praktikabel. Doch eines Tages, wenn wir oder andere Wesen mit annähernd Lichtgeschwindigkeit reisen und dafür genug Treibstoff mitnehmen wollen, ist Antimaterie der beste und wohl einzige Weg. Doch selbst dann stellen sich große Probleme: Ein Hin- und Rückflug auf diese Weise würde sechzehnmal die Masse des Schiffes an Antimaterie erfordern! Das Sechzehnfache von der Masse eines großen Raumschiffs etwa zwanzig Jahre lang – wahrscheinlich das Minimum an Zeitaufwand für eine Reise zum nächsten fremden Sternensystem und zurück – aufzubewahren und mitzuführen, ist ein logistischer Albtraum. Sogar die U.S.S. *Enterprise* hat immer wieder einmal Probleme mit der Aufbewahrung der Antimaterie. Es muss eine bessere Lösung geben!

FÜNF

Hin und wieder zurück?

Einstein had a little theory.
It had something to do with relativity.
Well, Einstein put that theory to the test,
That's why he looks confused,
and his hair's a mess.*

New Rhythm and Blues Quartet (NRBQ)

Die praktische Realisierbarkeit ist etwas, das wir oft außer Acht lassen, wenn wir uns die Zukunft vorzustellen beginnen. Zum Spaß an der Physik – und an der Science Fiction – gehört es auch, sich klar zu machen, dass kein Fortschritt auf der Welt stattfindet, wenn wir immer nur das im Auge haben, wozu wir heute imstande sind. Doch dabei müssen wir immer bedenken, dass, was immer Menschen oder Außerirdische bauen, in seiner eigenen Zeit praktikabel sein muss. Wenn wir darüber spekulieren wollen, welche Form das interstellare Reisen (oder jede andere künftige Technik) schließlich annehmen wird, müssen wir uns vorzustellen versuchen, was am einfachsten wäre – ausgehend von den Gesetzen der Physik, die wir bereits erkannt haben, und den Möglichkeiten, die diese Gesetze nicht ausschließen.

Not ist immer die Mutter der Erfindung, in der wirklichen Welt wie in der Welt der Science Fiction, auch wenn die Über-

---

* Einstein hatte 'ne kleine Theorie.
  So was mit Relativität irgendwie.
  Na, Einstein hat die Sache ausprobiert,
  Und deshalb sind sein Blick und auch sein Haar verwirrt.

legungen zunächst extrem unplausibel erscheinen. Wie Jean-Luc Picard einmal zu Data sagte (und dabei einer Bemerkung widersprach, die Generationen zuvor Captain Kirk zu McCoy gemacht hatte): »Die Dinge sind nur so lange unmöglich, bis sie es nicht mehr sind!« Wenn Raketenantrieb hin und zurück die groteskeste Art ist, zu den Sternen zu reisen, muss man bereit sein, Alternativen in Betracht zu ziehen, auch wenn sie zunächst absurd erscheinen.

Und das tun wir bereits, denn die gleichen Fragen, mit denen künftige interstellare Reisende konfrontiert werden, beschäftigen heute in kleinerem Maßstab die Ingenieure, wenn diese mit den Problemen eines bemannten Hin- und Rückflugs durch unser Sonnensystem ringen. Sie können durchaus daran denken, wie ihre Vorgänger ähnliche Probleme angepackt haben. Kolumbus brauchte keinen Treibstoff, um den Atlantik zu überqueren; er benutzte den Wind. Lewis und Clark brachten keinen Treibstoff mit, als sie das Innere von Nordamerika erkundeten; sie jagten und fischten unterwegs. Die Lehre ist klar. Wenn man seltsame neue Welten erforschen will, die noch keines Menschen Fuß betreten hat, muss man wahrscheinlich vom Lande leben.

Eine Version dieser Strategie hat der Raketeningenieur Robert Zubrin als Möglichkeit vorgeschlagen, auf eine Weise zum Mars zu fliegen, dir wir uns vielleicht leisten können. Sie ist als die ›Mars Direct‹* bekannt und setzt voraus, dass man Astronauten in einem Schiff zum Mars schickt, das nur den Treibstoff für die Hinreise mitführt. Treibstoff für die Rückreise könnte auf der Marsoberfläche hergestellt werden, indem man vor Ort eine sehr einfache Technik verwendet – so einfach, dass Zubrin, der kein Chemie-Ingenieur ist, auf der Erde einen funktionierenden Prototyp gebaut hat.

---

* Vorgestellt in Robert Zubrin & Richard Wagner, ›The Case for Mars. The Plan to Settle the Red Planet and Why We Must‹, New York: The Free Pree, 1996; dt. ›Unternehmen Mars. Das ‚Mars Direct'-Projekt‹, München: Wilhelm Heyne Verlag, 1997 (Hardcover); Taschenbuchausgabe in Vorb. – *Anm. d. Hrsg.*

Die Marsatmosphäre besteht zu 95 Prozent aus Kohlendioxid, und bei den Temperaturen an der Marsoberfläche kann atmosphärisches CO_2 leicht ausgefiltert, komprimiert und als Flüssigkeit aufbewahrt werden. Zubrins Vorschlag sieht vor, eine kleine Menge Wasserstoff mitzubringen und ihn mit dem Kohlendioxid reagieren zu lassen, damit Methan und Wasser entstehen. Da diese Reaktion exotherm ist – also Wärme freisetzt –, bedarf es keiner Energiezufuhr, um sie ablaufen zu lassen; vielmehr erfolgt sie spontan in Anwesenheit eines Katalysators aus Nickel oder Ruthenium. Methan und Wasser lassen sich leicht trennen, und das Wasser wird dann durch Elektrolyse in Wasserstoff und Sauerstoff aufgespalten. Der Wasserstoff wird weiterverwendet, der Sauerstoff gefroren und eingelagert. Wenn es Zeit zum Rückflug ist, braucht man nur den Sauerstoff und das Methan zu mischen, dann hat man einen Hochleistungs-Treibstoff in einer Form, die für lange Zeit aufbewahrt werden kann.

Man könnte einwenden, Leute ohne Treibstoff für die Rückreise zum Mars zu schicken, würde nicht die Sicherheitsstandards erfüllen, dank derer die NASA bei der bemannten Raumfahrt noch im Geschäft ist. Zubrins einfallsreiche Antwort darauf lautet, ein Raumschiff, das die Anlagen zur Erzeugung des Treibstoffs enthält, vor dem bemannten Schiff zum Mars zu schicken. Erst nachdem dieses automatische Schiff sicher gelandet ist und die notwendige Menge Treibstoff produziert hat, würde die bemannte Mission starten.

Schließlich erhebt sich die Frage, wie man den Treibstoff von der Produktionsanlage in das Rückkehrschiff übertragen soll. Die Antwort lautet, dass es einfacher ist, die Astronauten zu übertragen. Das ursprüngliche Schiff mit der Produktionsanlage *wird* zum Rückkehrschiff. Die Astronauten werden in ihrem Modul landen, und wenn ihre Zeit auf dem Mars um ist, wechseln sie an der Marsoberfläche in das voll aufgetankte Rückkehrmodul über. In der Zwischenzeit dienen beide Schiffe als Marsbasis und beherbergen die Astronauten bis zu zwei

Jahre lang, bis eine brauchbare Flugbahn für die Rückkehr zur Verfügung steht.

Natürlich gibt es eine Menge anderer Sorgen, die man sich machen muss: die Strahlenbelastung während des Fluges und die Energieversorgung auf der Marsoberfläche, künstliche Schwerkraft während der Flugmonate, damit die Muskeln der Astronauten nicht atrophieren, und so weiter. Doch alle diese Probleme sind zu lösen, wenn man erst einmal weiß, dass man eine Mannschaft mit genug Treibstoff zu einem vernünftigen Preis zum Mars und zurück bringen kann. Je nach Anzahl der Besatzung und der notwendigen Strahlenabschirmung werden die Kosten für Hin- und Rückflug auf etwa zehn bis fünfzig Milliarden Dollar geschätzt. Nicht gerade billig, aber machbar – und inflationsbereinigt vergleichbar den Kosten, die ausgegeben wurden, um im Jahre 1969 Menschen zum Mond zu schicken.

Wie könnte man dann diese Idee auf Reisen zu den Sternen anwenden? Können wir annehmen, dass, ehe uns Außerirdische besuchen, ein großes Schiff auf der Erde landet – sagen wir, in der Mojave oder irgendwo außerhalb von Las Vegas oder bei Roswell – und mit der Herstellung von Treibstoff beginnt? Ich glaube kaum.

Wir wissen eine Unmenge über den Mars, doch wenn wir zum Planetensystem eines anderen Sterns reisen, werden wir wahrscheinlich nicht genug Einzelheiten kennen, wohin wir unser vorausfliegendes Versorgungsschiff schicken sollen, das uns später nach Hause bringen soll. Ich kenne dafür keinen Präzedenzfall in der menschlichen Forschungsgeschichte. Etliche optimistische Individuen haben aber vorgeschlagen, anstatt ein Raumschiff mit Treibstoff anzutreiben, der entweder auf der Erde oder am Ziel gewonnen wurde, sollten wir es lieber den frühen Entdeckern gleichtun und Treibstoff unterwegs einsammeln.

Nun, die Materiedichte in unserer Gegend der Galaxis ist sehr gering – im Schnitt etwa ein Proton pro Kubikzentimeter.

Daher ist es nicht praktikabel, Materie oder Antimaterie als Treibstoff einzusammeln. Das Weltall ist aber voller Strahlung. Der erste Mensch, der die Nutzung von Strahlungsenergie vorgeschlagen hat, ist auch der erste, der bekanntermaßen eine Science Fiction-Geschichte geschrieben hat, in der Raumfahrt vorkommt. Johannes Kepler, der die Gesetze der Planetenbewegung entdeckt hat, war ein viel beschäftigter Mann mit einem Leben voller Unterbrechungen. Zwischen seinen Beiträgen zur Wissenschaft verteidigte er seine Mutter erfolgreich gegen die Anklage der Hexerei und schrieb eine Geschichte über eine Reise zum Mond und zurück. Er beobachtete auch etwas anderes: Ob Kometen sich zur Sonne hin oder von ihr fort bewegen, ihre Schweife sind immer von ihr weg gerichtet; also muss die Sonne eine Art Druck ausüben. Das inspirierte Kepler 1609 zu der Annahme, wir würden eines Tages Schiffe entwerfen, die mit diesen ›himmlischen Winden‹ segeln könnten.

Es gibt tatsächlich einen Sonnenwind, einen Strom geladener Teilchen, die sich von der Sonne weg mit hoher Geschwindigkeit durch den Raum bewegen. Diese Geschwindigkeit beträgt aber dennoch nur ungefähr ein Promille der Lichtgeschwindigkeit. Während ein vom Sonnenwind angetriebener Raumsegler, der vor dem Sonnenwind dahingleitet, für interplanetare Flüge brauchbar sein könnte, hätte er für interstellare Reisen kaum Nutzen – zumindest in menschlichen Zeitmaßstäben.

Zusätzlich zum Sonnenwind erzeugt das Sonnenlicht selbst einen Druck – jede Art Licht tut das. Dieser Druck ist aber sehr gering. Wenn der Photonendruck von der Sonne ins Gewicht fiele, würde ja die Erde von ihm aus ihrer Bahn gepustet werden. Nichtsdestoweniger haben einige wackere Futuristen vorgeschlagen, Solarsegel könnten uns zu den Sternen bringen. Um genug Antriebskraft zu erzeugen, mit der man ein Raumschiff von tausend Tonnen binnen eines Jahres auch nur auf ein Zehntel der Lichtgeschwindigkeit bringt, bräuchte man ein Sonnensegel von fast 200 km Durchmesser; und damit es nicht mehr als das Raumschiff wiegt, darf es höchstens ein Tausend-stel von der Dicke eines gewöhnlichen Müllbeutels für die Küche haben.

Andere haben vorgeschlagen, aufseiten der Sonne Verbesse-rungen vorzunehmen. Die Sonne ist zwar sehr hell, scheint aber in alle Richtungen. Man bedenke, wie viel Sonnenlicht so verschwendet wird! Warum nicht einen mächtigen raum-gestützten Laser bauen, der seine Energie von der Sonne be-zieht und ein konzentriertes Lichtbündel auf ein Segel richten würde, das groß genug wäre (vielleicht ein Viertel der Größe von Texas?), um das Bündel auch noch auf große Entfernung zu erfassen. Etliche Jahre, bevor das Raumschiff sein Ziel er-reicht, könnte ein anderes Strahlenbündel eingeschaltet wer-den, welches das Schiff rechtzeitig erreichen würde, um es mit-hilfe einer Anordnung von Spiegeln abzubremsen.

Alle diese Ideen bringen natürlich Probleme mit sich – man-che enthalten offene Fragen zum grundlegenden Prinzip, an-dere spezielle technische Schwierigkeiten. Sie alle erfordern gi-gantische Mittel, um die riesigen Segel und die Laser zu bauen. Und ihr Erfolg hängt von spezifischen interstellaren Bedingun-gen ab. Wie man bei einem Segelboot wechselnden Wind ein-kalkulieren muss, wäre es eine schwierige Sache, mit den in-terstellaren Winden zu navigieren. Ebenso kann man nicht mit externer Laserkraft reisen, wenn man sich nicht im vom Strahl des Lasers erfassten Bereich befindet. Und schließlich erlaubt keine dieser Methoden einen außerplanmäßigen Halt; die Missionen müssten komplett im Voraus geplant werden. Und wenn man unterwegs etwas Interessantes entdeckte, müsste man dessen Erforschung wahrscheinlich der nächsten Mission überlassen.

Alles, wovon ich bisher gesprochen habe, sogar Fusions- und Antimaterie-Antrieb, enthält ›konventionelle‹, wohlbekannte Physik. Ich glaube auch überzeugend dargelegt zu haben, dass alle Außerirdischen, die herkommen wollen, sich auf solche konventionelle Physik wahrscheinlich nicht stützen können. Aber wieso sollten sie? Wie Mulder ziemlich wehmütig zu Scully bemerkte: »Wenn die konventionelle Wissenschaft keine Antworten bietet, können wir uns dann endlich dem Phantastischen als einer Möglichkeit zuwenden?« Meine Antwort lautet: »Ja, solange das Phantastische nicht unmöglich ist!«

Also schön, wie ist das mit Warp-Antrieb, mit Wurmlöchern, Antigravitation und all den wunderbaren aufregenden Unbekannten, die mit der Natur der Raum-Zeit zusammenhängen? Man könnte ein ganzes Buch darüber schreiben, was vielleicht möglich sein könnte, doch das ist schon getan worden. Ich möchte hier umreißen, was in der Praxis möglich sein könnte und nicht nur im Prinzip. Die Wunder der Allgemeinen Relativitätstheorie erlauben es, dass alle möglichen unglaublichen Dinge im Prinzip existieren können, vom Warp-Antrieb bis zur Zeitreise. Das allein berechtigt, darüber nachzudenken und darüber zu schreiben, und ich verbringe einen Teil meiner eigenen Forschungszeit mit Versuchen, in dieser Hinsicht ein Stück weiter zu kommen. Doch wir haben hier die Frage aufgeworfen, wie sich die Raumschiffe, die eines Tages tatsächlich gebaut werden könnten, verhalten würden.

Jetzt ist der Zeitpunkt, um unmissverständlich festzustellen, dass ich glaube, diese Dinge werden *niemals* von praktischer Bedeutung für die wirkliche Raumfahrt sein, obwohl sie im Prinzip durchaus möglich sein können. Sogar glimmende Hoffnungsfünkchen können blendend hell werden, wenn die Leute fest entschlossen sind, das letzte bisschen Hoffnung zu behalten. Als ich zusammen mit anderen die Idee zu popularisieren begann, dass es noch eine offene Frage ist, ob Warp-Antrieb und Zeitreisen in unserem Universum möglich sind oder nicht, war ich erstaunt über die Begeisterung und das Tempo, mit denen sich diese Idee ausbreitete – nicht nur unter den Fans der Populärwissenschaft, sondern auch überall in akademischen Kreisen. Sogar die NASA schien aufzuhorchen und hat mich eingeladen, auf einem Symposium über nichtreaktive Methoden der Raumfahrt zu sprechen, einschließlich Warp-Antrieb und Wurmlöcher.

Die grundlegenden und gewaltigen Energieprobleme, die bisher Menschen sogar von den nächsten Planeten ferngehalten haben, verblassen gegenüber den Problemen, die sich stellen, wenn man sich vom konventionellen Newton'schen Antrieb ab- und den phantastischen Möglichkeiten zuwendet, die uns Einstein eröffnet hat. Lassen Sie mich Ihnen einige davon in Erinnerung rufen, damit ich Ihnen anschließend von ein paar aufregenden neuen Entdeckungen berichten und auch ein kleines Geheimnis über den Warp-Antrieb enthüllen kann, das meines Wissens noch nicht in der Presse diskutiert worden ist.

Inzwischen ist klar geworden, welche Herkulesarbeit es ist, sich Raumreisen mit einer Annäherung an die Lichtgeschwindigkeit in realisierbaren Raketenschiffen vorzustellen. Doch warum sich mit der Reise durch den Raum abgeben, wenn man den Raum dazu bringen kann, das Reisen für uns zu erledigen? Einsteins Allgemeine Relativitätstheorie sagt uns, dass der Raum selbst auf die Anwesenheit von Materie reagiert, indem er sich ausdehnt, zusammenzieht und krümmt. Wenn das wahr ist, tut sich vor uns eine schöne neue Welt von ›Designer-Universen‹ auf.

Im Kontext der Allgemeinen Relativitätstheorie braucht man sich überhaupt nicht zu bewegen, um durchs ganze Universum zu reisen. Man kann sich mit Lichtgeschwindigkeit bewegen und dennoch stillsitzen. Im Grunde tun Sie ebendies, während Sie diese Worte lesen. Während Sie und ich uns in Bezug aufeinander und auf die nähere Umgebung ungefähr im Zustand der Ruhe befinden, bewegen wir uns mit Lichtgeschwindigkeit relativ zu einem Wesen am anderen Ende des sichtbaren Universums, das gerade die klingonische Übersetzung dieses Buches liest. Und auch dieses Wesen ruht in Bezug auf seine örtliche Umgebung, dennoch entfernt es sich mit Lichtgeschwindigkeit von uns.

Wie können wir gleichzeitig unterwegs sein und am Ort bleiben? Ganz einfach: Der *Raum* zwischen uns expandiert.

Diese Idee ist es, die Warp-Reisen ihren physikalischen Rückhalt verleiht. Man kann im Kontext der Allgemeinen Relativitätstheorie explizit zeigen, dass Folgendes im Prinzip möglich ist: Sagen wir, Sie wollen zum nächsten Stern reisen, haben aber keine Lust, zehntausend Jahre in einem Raketenschiff zu verbringen. Schön, Sie brauchen nur reichlich drei Viertel des Weges zum Mond zurückzulegen, bis zu dem Punkt, wo der Gravitationszug des Mondes den der Erde ausgleicht, und dort können sie mit abgeschalteten Triebwerken bleiben. Dann sorgen Sie dafür, dass der Raum zwischen Ihnen und dem nächsten Stern – in einer Entfernung von 4,3 Lichtjahren – in, sagen wir, einer Sekunde zusammenbricht, während der Raum zwischen Ihnen und der Erde, zuvor nur rund 290 000 km, sich nun im selben Zeitraum um das Entsprechende ausdehnt. Nachdem der Raum Ihren Wünschen entsprochen hat, schauen Sie sich um und stellen fest, dass Sie jetzt nur 290 000 km von Alpha Centauri und rund 4,3 Lichtjahre von der Erde entfernt sind – ohne sich bewegt zu haben! Dann schalten Sie einfach Ihre Triebwerke ein und legen den Rest des Weges zurück.

Das mag wie ein billiger Taschenspieler-Trick klingen, doch die Gleichungen der Allgemeinen Relativitätstheorie sind für einen Fall gelöst worden, der exakt diese Möglichkeit eröffnet. Ich möchte nicht herunterspielen, wie wahrhaft bemerkenswert das ist. Im Grunde könnte mehr oder weniger dieselbe Physik noch seltsamere Phänomene – passierbare Wurmlöcher und Zeitmaschinen – prinzipiell möglich machen. Erwägen Sie aber Folgendes:

1. Den Raum expandieren zu lassen, würde eine Art Materie erfordern, die sich von allem, was wir direkt beobachten können, grundlegend unterscheidet – eine Art Materie mit abstoßender statt anziehender Gravitationswirkung. Während die Gesetze, die das Verhalten der Materie auf subatomarem

Niveau beschreiben, solch ein Phänomen in jenen Größenordnungen möglich machen, haben wir keine Ahnung, ob solches Material auch nur *im Prinzip* in makroskopischem Maßstab hergestellt werden könnte. Die bisherigen Anzeichen sind nicht besonders ermutigend.

2. Es würde mehr Energie erfordern, als die Sonne in ihrer gesamten Lebensdauer ausstrahlt, um solches Material zum Bewegen irgendeines makroskopischen Objekts nutzen zu können, selbst wenn das Material hergestellt werden könnte.

Nun zu den neuen Ergebnissen: 1996 haben mehrere Forscher die Theorie des Warp-Antriebs der gleichen strengen Überprüfung unterzogen wie zuvor die Idee, Wurmlöcher könnten als Abkürzungen durch den Raum dienen. Ihre Ergebnisse sind nicht ermutigender ausgefallen. Der Theoretische Physiker Larry Ford und seine Kollegen an der Tufts University haben Folgendes gezeigt: Damit bekannte Gesetze im Zusammenhang mit der Energieerhaltung nicht verletzt werden, darf der Raum zu jedem gegebenen Zeitpunkt nur in der dünnen Oberflächenschicht einer Blase expandieren und schrumpfen, die das Raumschiff umgibt. Es stellte sich heraus, dass man, um einen Bereich exotischer Materie in einer dünnen Schale zu halten, die ein makroskopisches Objekt wie ein Raumschiff umgibt, eine Energie benötigen würde, die rund zehn Milliarden Mal der gesamten Masse des sichtbaren Universums entspräche! Wir könnten uns vielleicht vorstellen, einzelne Atome mit Warp-Geschwindigkeit zu transportieren, doch kein Raumschiff. Energetische Betrachtungen derselben Art gelten für Wurmlöcher und daher für die Zeitmaschinen, die sich ihrer bedienen würden.

Es gibt noch ein viel schlimmeres prinzipielles Problem, das den Warp-Antrieb noch unglaubhafter erschienen lässt, wenn da noch eine Steigerung möglich ist. Ich habe es in meinem vorangehenden Buch nicht explizit erwähnt, weil ich glaubte, die anderen Probleme seien schon schlimm genug. Vielleicht hätte ich es besser wissen müssen. Also: Während der Warp-Antrieb es einem erlaubt, allgemein von einem Punkt zum anderen schneller als mit Lichtgeschwindigkeit zu reisen, kommt man trotzdem nicht früher an. Wie das? Nun, sagen wir, Sie wollen mit Warp-Antrieb tausend Lichtjahre in einer Sekunde zurücklegen. Damit der Raum vor Ihnen kollabiert, müssen Sie dafür sorgen, dass überall in diesem Raum die richtige Materieanordnung gegeben ist. Zu diesem Zweck müssen Sie mindestens ein Signal den ganzen Weg durch diesen Raum schicken. Doch es dauert mindestens tausend Jahre, bis das Signal das Raumgebiet durchquert hat. So könnten Sie zwar (im Prinzip) beliebig schnell reisen, wenn die Warpfront vor Ihnen erst einmal angefangen hat zu kollabieren, doch der Countdown zum Start würde tausend Jahre dauern. Ich nehme an, es ist einigermaßen tröstlich, dass man die tausend Jahre in angenehmer Umgebung verbringen kann, statt in einem vollgestopften Raumschiff zu sitzen, doch es kommt auf dasselbe heraus. Wie man es auch dreht und wendet, man gelangt beim ersten Versuch nie schneller als in tausend Jahren von hier nach da. So wunderbar die Möglichkeit zu sein scheint, am Ende erweist sich der Warp-Antrieb als kosmische Enttäuschung. Da hast du's, Fox Mulder!

Energie ist Energie, und sogar in einer Million Jahre, wenn wir sehr viel mehr über Physik wissen werden als heute, werden die Energieanforderungen für eine Reise quer durch die Galaxis dieselben sein; und die Energie, die benötigt wird, um die Gravitation nach unserem Willen zu verbiegen, scheint größer zu sein als alle in der Galaxis vorhandene Energie. Aus diesem Grunde finden es die meisten Physiker, darunter ich selbst, so unwahrscheinlich, dass die Erde von Außerirdischen besucht worden ist, insbesondere von Außerirdischen aus einer hinreichend hoch entwickelten Zivilisation, die bereit ist, die notwendigen Ressourcen für eine Reise hierher aufzubringen, nur um Menschen Metallobjekte in die Nase zu stecken oder die Patienten eines Harvard-Psychiaters zu entführen. Sogar wenn sie vorhaben, abgedrehte Experimente durchzuführen, dürfte es kaum der Mühe wert sein.

Fox Mulder, der sicherlich Q aus *Star Trek* als die am besten zitierbare Figur im Fernsehen abgelöst hat, hat einmal zu bedenken gegeben, dass ›die einfachste Erklärung auch die am wenigsten plausible‹ sei. Für viele Leute ist die einfachste Erklärung für die große Anzahl und Vielfalt von Alien-Sichtungen und -Entführungen, dass die Aliens hier waren. Für Physiker aber ist das die am wenigsten plausible Erklärung – einfach, weil die irdischeren Erklärungen wesentlich geringere Anforderungen stellen als jene, die interstellare Reisende voraussetzen.

Da die Energetik (wenn nicht überhaupt die Physik) Reisen mit Überlichtgeschwindigkeit zu verbieten scheint, schwindet die Plausibilität von Area 51, Roswell, außerirdischen Implantaten und alledem noch weiter. Warum sollten Außerirdische die nötigen Ressourcen für einen Besuch bei uns einsetzen, wenn sie nicht wüssten, dass auf der Erde intelligentes Leben existiert? Doch um das zu wissen, müssten sie Signale von unserer Existenz empfangen haben. Wir senden solche feststellbaren elektromagnetischen Signale – in Form von *I Love Lucy, Star Trek, The Twilight Zone*, den Nachtnachrichten von NBC usw. – erst seit gut einem halben Jahrhundert. 1947, im Jahr der ersten Sichtungen von fliegenden Untertassen und des Roswell-Vorfalls, hatten unsere Sendungen eben erst die stellare Nachbarschaft erreicht. Es erscheint ganz unglaublich, dass irgendeine dort lebende Zivilisation, selbst wenn sie über die notwendigen Mittel verfügte, genug Zeit gehabt hätte, um eine Mission zur Erde zu starten, die 1947 eingetroffen wäre. Die Außerirdischen im Film *Contact*, die das Fernsehsignal auffingen, das Hitler bei der Eröffnung der Olympischen Spiele 1936 zeigte, schickten ihre Antwort zurück, die nicht vor 1996 ankam.

Es gibt einen Fallstrick, den ich noch nicht erwähnt habe, und er kommt oft in meinen Vorträgen zum Thema außerirdische

Besucher oder über mein gegenwärtiges Bild vom Universum zur Sprache. Was, wenn die Gesetze der Physik *dort draußen* andere sind als hier! Wirklich, wenn Q über unsere Gesetze der Physik hinausgehen kann, warum dann nicht das Universum? Es kommt in der Science Fiction oft vor, dass sich an gewissen ›sonderbaren Orten‹ die physikalischen Gesetze nicht so verhalten, wie man es von ihnen erwartet. Ich erinnere mich noch lebhaft an das Entsetzen, das ich empfand, als ich mir als Kind eine Episode der *Twilight Zone* ansah, in der die Wände eines Hauses plötzlich körperlose Tore zu einer anderen Dimension wurden und ein kleiner Junge in meinem Alter hindurchfiel.

Man kann nicht garantieren – jedenfalls nicht, solange man nicht den letzten Stein umgedreht und den letzten Winkel durchstöbert hat –, dass es im realen Universum keine *Twilight Zones* gibt. Wieso bilden wir Physiker uns also ein, unsere Gesetze seien allumfassend gültig? »Was für eine bodenlose Frechheit!« ruft meine Frau oft aus, wenn sie mit derlei selbstsicheren Annahmen konfrontiert wird.

Nun, es gibt darauf zwei Antworten, doch sie laufen im Grunde auf eine hinaus. Die erste lautet, dass vierhundert Jahre Erfolg die Physiker tatsächlich selbstsicher gemacht haben. Die zweite, dass in diesen vierhundert Jahren des Erfolgs jeder Versuch, den wir durchgeführt haben, um die Allgemeingültigkeit der physikalischen Gesetze zu überprüfen, positiv ausgefallen ist.

Statt mich bei Einzelheiten der Physikgeschichte aufzuhalten, möchte ich Ihnen von einer modernen Entdeckung erzählen, von der ich glaube, dass sie die Universalität der grundlegenden Gesetze der Physik, wie wir sie kennen, auf überzeugende Weise unterstreicht.

Wenn sie vor Fragen nach der Universalität der physikalischen Gesetze stehen, wenden sich die Wissenschaftler für gewöhnlich den Sternen zu. Die Herausgeberinnen von *Social Choice* und derlei postmodernen Zeitschriften könnten der Ansicht sein, die Gesetze der Physik wären anders, wenn sie nicht von Weißen männlichen Geschlechts entwickelt worden wären, doch ich finde Trost in der objektiven Realität, wenn ich an einer sternklaren Nacht zum Himmel schaue. Bei fernen Sternen gibt es vielleicht Planeten, auf denen weibliche Symbionten ansonsten männliche Körper bewohnen und beherrschen, wie die Trill in *Deep Space Nine*, doch selbst dort müssen die Gesetze der Physik die Tatsache berücksichtigen, dass ihre Sonne in genau denselben Farben wie unsere scheint. Es gibt nichts Verräterisches – nicht einmal ein Fingerabdruck oder eine DNS-Probe – als das Spektrum des Lichts, das von einem erwärmten Objekt ausgestrahlt wird. Jedes Element emittiert seine einzigartige Kombination von Farben und es war einer der großen Erfolge der Physik des 20. Jahrhunderts, die Spektraleigenschaften zu katalogisieren, die schon entdeckt worden waren, und die anderen vorherzusagen. Die Tatsache, dass ferne Sterne mit demselben Farbmuster leuchten wie Wasserstoffgas, wenn es in einem irdischen Laboratorium erhitzt wird, sagt uns nicht nur, dass die Sterne größtenteils aus Wasserstoff bestehen, sondern auch, dass die Gesetze der Elektrizität und des Magnetismus, die (zusammen mit den Gesetzen der Quantenmechanik) diese Spektren hervorbringen, hier wie dort dieselben sein müssen.

So viel zu den Sternen, doch wie ist es mit dem *Raum* zwischen den Sternen? Wie mit dem Universum selbst? Nun, dank der NASA haben wir jetzt überzeugende direkte Beweise dafür, dass die fundamentalen Gesetze der Physik, wie wir sie kennen, im Maßstab des gesamten sichtbaren Universums gelten und den größten Teil seiner Existenz über gegolten haben. Sie haben vielleicht von dem Satelliten zur Erforschung des kosmischen Hintergrunds (COBE) gehört, den die NASA 1989 startete, um die Reststrahlung zu messen, die vom Urknall übrig geblieben ist, bei dem unser Universum vor zehn bis fünfzehn Milliarden Jahren entstanden ist. COBE hat den spektakulären Nachweis erbracht, dass es winzige Fluktuationen in der so genannten kosmischen Hintergrundstrahlung gibt, die die ›Keime‹ der kosmischen Strukturen bilden, die wir heute beobachten;

zuerst aber hat der Satellit die Urstrahlung gemessen und die theoretischen Voraussagen bestätigt – dass es die Art Strahlung ist, die wir als ›schwarze Strahlung‹ kennen.

Alles, was Sie an dieser Stelle eigentlich über die schwarze Strahlung wissen müssen (so genannt, weil es das Spektrum ist, das ein vollkommen schwarzer Körper aussendet, wenn er erhitzt wird), ist, dass ihr richtiges Verständnis die Triebkraft hinter nahezu allen wichtigen Ergebnissen in der Physik des 20. Jahrhunderts war. Die Untersuchung der schwarzen Strahlung führte zur Entwicklung der Quantenmechanik und zur korrekten quantenmechanischen Behandlung von Elektrizität und Magnetismus. Wichtiger noch, der schwarzen Strahlung liegt eine gründliche Beschreibung für das ›statistische Verhalten‹ von Myriaden einzelner Teilchen zu Grunde. Diese Beschreibung, statistische Mechanik genannt, ist das Herzstück von fast allen Berechnungen, die in der theoretischen Physik heute durchgeführt werden, und von den meisten beobachteten Phänomenen. Sie wurde entwickelt, um zu erklären, warum man bei einem Film, der den Zusammenstoß zweier Billardbälle zeigt, nicht sagen kann, ob der Film vorwärts oder rückwärts läuft, während bei 16 Billardbällen wie im Pool Billard diese Symmetrie nicht mehr besteht. Die Prinzipien, die der statistischen Mechanik innewohnen, sind so kompliziert, dass sich zwei von den ersten Forschern umbrachten, weil sie zunächst mit ihren Ideen nicht weiterkamen.

Jedenfalls zeigt sich, dass die vom Urknall zurückgebliebene kosmische Hintergrundstrahlung nicht nur das Spektrum einer schwarzen Strahlung zeigt, sondern dass es das perfekteste Spektrum schwarzer Strahlung ist, das jemals gemessen wurde – näher an der theoretischen Vorhersage als alles, was wir im Labor zustande gebracht haben. Wir können daher das Universum selbst als Test verwenden, um die Vorhersagen der Quantenmechanik zu überprüfen. Auf unseren aktuellen Streitpunkt angewendet: Wir wissen jetzt, dass sogar die subtilsten und kompliziertesten Gesetze, die der modernen irdischen Physik zugrunde liegen, für das Strahlungsbad gelten, das den gesamten sichtbaren Kosmos in Raum und Zeit durchdringt. Man kann schwerlich einen besseren Grund verlangen, um zu glauben, dass *Twilight Zones*, wenn es denn welche gibt, gut verborgen und daher wahrscheinlich unwesentlich sind.

Trotz alledem – trotz der offensichtlichen Unmöglichkeit, realistische Raumschiff auf die Reise zu anderen Sternen und wieder zurück zu schicken, trotz der Unglaubhaftigkeit außerirdischer Besuche, trotz der universellen Straßensperren und wirksamen Geschwindigkeitsbegrenzungen, die interstellare Reisen kennzeichnen – bin ich fest überzeugt, dass unsere Bestimmung die Sterne sind. Wir werden eines Tages über unser Sonnensystem hinausfliegen. Wie kann ich das mit ernster Miene sagen, nach all den Einwänden, die ich angeführt habe? Nun, jedes Hindernis, das ich geschildert habe, betrifft nur den Flug *hin und zurück* innerhalb *menschlicher Zeitmaßstäbe*. Doch der Schlüssel zu unserer Zukunft zwischen den Sternen liegt darin, dass keine dieser Bedingungen erfüllt zu sein braucht, wenn wir uns tatsächlich in die Galaxis hinauswagen, was wir, wie ich glaube, eines Tages tun werden müssen.

●●●

SECHS

Man glaubt,
was man sieht

> Ich glaube, ich bin das
> glücklichste Vernunftwesen in
> diesem Sektor der Galaxis.
>
> *Data*

Vor fünfzig Jahren waren die Marsianer die typischen Außerirdischen, knapp gefolgt von den Venusianern. In
dem Maße, wie wir immer mehr über unser Sonnensystem er-
fuhren, begannen unsere Erwartungen, auf Mars oder Venus
Leben (erst recht intelligentes) zu finden, zu schrumpfen. Mit
Ausnahme von ein paar Hollywoodstars fanden wir übrigen
uns mit der Tatsache ab, dass wir auf dem einzigen Planeten
im Sonnensystem leben, der jemals intelligentes Leben beherbergt hat.

Wie viel hat sich im vorigen Jahr verändert! Die Behauptung einer Forschergruppe der NASA und einer Universität
elektrisierte die Welt, wonach ein Meteorit mit der Nummer
ALH84001, der vom Mars stammt, vor rund 13 000 Jahren auf
die Erde fiel und später in der Antarktis entdeckt wurde, fossile
Spuren mikroskopischer Lebensformen enthält. Vielleicht ist
das übrige Sonnensystem doch nicht leblos.

Die Suche nach Leben auf dem Mars hat ihre Wurzeln in der
Suche nach den Ursprüngen des Lebens auf der Erde. Bis vor
etwa einem Jahrzehnt war man der Ansicht, das organische
Leben brauche zum Gedeihen Bedingungen, die ›gerade richtig‹

sind – genug Wasser, Wärme und Licht, aber nicht zu viel. Doch Wissenschaftler, die abgelegene und ungastliche Gegenden erforschten, von kochenden Vulkanschloten am Grunde der Tiefsee bis zu von Wind blank gescheuerten Tälern in der Antarktis, vom brennenden Sand der Wüste Gobi bis zum schwefligen Schlamm aus Ölquellen, haben entdeckt, dass verschiedene Formen von primitivem Leben (wie auch verschiedene weniger primitive Lebensformen wie Rennfahrer und Bergsteiger) ein Leben am Rande des Möglichen gewählt haben. Diese Extremophilen, wie sie genannt werden, existieren an Orten, wo sie nicht hingehören. Sie gedeihen vielleicht nicht besonders gut (manche von ihnen halten sich gerade mal so), doch sie überleben, manchmal ohne Licht, Wärme, Sauerstoff oder Wasser – alle Standardzutaten, die wir einst für absolut lebensnotwendig hielten.

Die Indizien für mögliche urtümliche Lebensformen auf dem Mars sind umstritten, doch sie weisen auf etliche interessante Möglichkeiten hin. Die fossilen Mikroben, die die Forscher im ALH84001 gefunden haben wollen, wären über drei Milliarden Jahre alt. Sie reichen in eine Zeit zurück, als die Marsoberfläche wärmer und feuchter war und daher besser geeignet für Leben. Warum der Mars unfruchtbar geworden ist und die Erde nicht, ist noch nicht völlig klar. Das Wichtigste an der behaupteten Entdeckung ist aber vielleicht, dass die Entdecker nicht zum Mars zu fliegen brauchten, um den Steinbrocken zu finden; er lag auf den windigen, eisbedeckten Ebenen der Antarktis und wartete darauf, gefunden zu werden.

Ebenso bedeutsam ist vielleicht die Tatsache, dass dies derselbe Ort ist, wo Wissenschaftler primitive irdische Lebensformen entdeckt haben, so genannte Kryptoendolithen, die im Innern gefrorener Felsen leben. Und tief im Dauerfrostboden der Antarktis und Sibiriens sind Mikroben in verschiedenen Stadien der Aktivität entdeckt worden, von denen manche seit drei Millionen Jahren in einem Ruhezustand verharren.

Man weiß jetzt, dass Einschläge von Meteoriten, Kometen und Planetoiden auf der Planetenoberfläche genug Energie freisetzen, um Geschosse in den interplanetaren Raum zu schleudern. Das heißt, die Erde ist kein geschlossenes Ökosystem! Wenn zwischen den Planeten Materie ausgetauscht wird, dann kann darunter sicherlich auch organisches Material sein – vielleicht einschließlich primitiver sich fortpflanzender Lebensformen. (Es ist hochgradig unwahrscheinlich, dass eine höher entwickelte Lebensform die katastrophale Eruption und die folgende interplanetare Reise überstehen würde.) Mehr noch, wenn primitive Lebensformen Millionen Jahre lang im Ruhezustand verharren und auf geeignete Bedingungen warten können, um sich zu gegebener Zeit wieder ›einzuschalten‹, dann ist es vielleicht möglich, dass das Leben eines Planeten auf einem anderen Planeten Leben sät.

Das erinnert an die Panspermien-Theorie, die Francis Crick vor einiger Zeit nicht ganz im Scherz aufgestellt hat. Ähnliche Ideen sind in Science Fiction-Romanen und -Filmen vorgetragen worden, wobei die Quelle der ›Saatkörner‹ für gewöhnlich fremde Intelligenzen sind, die später nachschauen kommen, wie es ihren Ablegern geht. Mit einer besonders schöpferischen Anwendung dieser Idee vermochten die Autoren von *Star Trek* zu erklären, warum die meisten Außerirdischen, denen die Mannschaft der *Enterprise* begegnet, humanoid sind. Als Jean-Luc Picard die Arbeit des Archäologen Richard Galen fortführte, entdeckte er, dass die Urmeere vieler verschiedener Planeten von einer Zivilisation, die seit langem tot ist, mit DNS geimpft worden waren.

Die Entdeckung von etwas, das möglicherweise ein Fossilbeleg für Leben auf dem Mars ist, zusammen mit interplanetaren Transportgelegenheiten, wie sie katastrophale planetare Zusammenstöße bieten, legt jedenfalls den Gedanken nahe, dass außerirdisches Leben, welches wir in unserem Sonnensystem entdecken könnten, vielleicht gar keins ist. Wer will sagen, dass dieses Leben nicht mit unserem im Zusammenhang steht? Viel-

leicht entdecken wir nur unsere entfernten Vettern! In der Tat
sieht es so aus, als ob nichtintelligente Lebensformen die Vorgänge überleben könnten, die zum Untergang ihrer Heimatplaneten führen. Die gefrorenen Bakterien im sibirischen Dauerfrostboden zeigen, dass primitive Lebensformen verheerende
klimatische Veränderungen überstehen können. Ob solche Mikroben lange genug überleben könnten, um durchs All zu reisen und eine andere Welt zu befruchten?

Der Gedanke, dass das Leben auf der Erde nicht unbedingt auf
diesem Planeten entstanden sein muss, ist durch die Beobachtungen des Kometen Hale-Bopp gestützt worden. (Nein, ich
meine keine Beobachtungen eines fremden Raumschiffs mit
Mitgliedern unserer Mutterzivilisation!) Spektroskopische Daten weisen auf das Vorhandensein von über hundert verschiedenen Typen relativ komplizierter organischer Moleküle auf
dem Kometen hin, darunter Glycin, eine Aminosäure. Es ist
dargelegt worden, dass von Kometeneinschlägen in der Frühgeschichte der Erde genug organisches Material – wie auch Wasser – an die Erdoberfläche gebracht worden sein kann, um die
Grundlagen für alles organische Leben auf der Erde zu liefern.
Dafür sprechen auch der vor wenigen Jahren erbrachte Beweis,
dass die Erde pro Minute von bis zu dreißig kleinen wasser-
haltigen Kometen bombardiert wird, und die Beobachtung der
Einschläge von den Bruchstücken des Kometen Shoemaker-
Levy auf dem Jupiter, die darauf hinweisen, dass ein Teil des
Wassers vom Kometen hinab in die Atmosphäre des Planeten
gelangt ist. Vielleicht hat – in klassischer Umkehrung des typischen Szenarios, nach dem wir das Sonnensystem kolonisie-
ren – das Sonnensystem uns kolonisiert.
    Diese Kolonisation könnte das ziemlich frühe Auftauchen
von Lebensformen auf der Erde erklären, ein Ereignis, das, wie
man jetzt annimmt, binnen hundert Millionen Jahren stattfand, nachdem sich der Planet abgekühlt hatte und bewohnbar
geworden war. Die Indizien weisen auch darauf hin, dass sich

das Leben nach seinem ersten Auftauchen sehr schnell entwickelte. Vielleicht wird dieses rapide Sprießen von Leben durch die Entdeckung erklärt, dass das Leben robust genug ist, sich an Umgebungen anzupassen, die bisher als steril galten – beispielsweise in kochendem Wasser voller organischer Lösungsmittel und Schwermetalle. Oder vielleicht wurden manche von diesen Lebensformen mit interplanetarer Post geliefert.

Dieser Prozess braucht nicht auf unser Sonnensystem beschränkt zu sein. Denn wie sind die organischen Moleküle im Hale-Bopp überhaupt dorthin gekommen? Eine Möglichkeit ist, dass sie im Kometen selbst zusammengebraut wurden. Hale-Bopps langer Schweif, der sich, bereits weit von der Wärme der Sonne entfernt, fast über dreißig Grad am Himmel erstreckte, legt die Vermutung nahe, dass es im Kometen selbst innere Energiequellen geben könnte. Vielleicht ist das Material innerhalb seiner gefrorenen Schale flüssig. Ist vielleicht in solch einer Ursuppe etwas in der Art des klassischen Urey-Miller-Experiments von 1953 – wo eine primitive Atmosphären-›Suppe‹ von Methan, Ammoniak, Wasserstoff und Wasser mit elektrischen Entladungen dazu gebracht wurde, verschiedene organische Verbindungen zu bilden, darunter zwei Eiweiß-Bausteine, Glycin und Alanin – in kosmischem Maßstab durchgeführt worden?

Es kann auch sein, dass frei schwebende organische Moleküle vor oder während der Bildung unseres Sonnensystems entstanden sind. Organische Moleküle werden seit einiger Zeit spektroskopisch im interstellaren Raum entdeckt. Vielleicht sind die organischen Keime des Lebens überall in der Galaxis vorhanden und warten praktisch auf günstige Bedingungen, um sich anzusiedeln.

Obwohl der Mars einst vielleicht für Leben geeignet war, scheint er es jetzt nicht mehr zu sein. Doch ungefähr zur selben Zeit, als die Vermutung über fossile Lebensformen vom Mars publik wurden, veröffentlichte die NASA Bilder, die die Sonde *Galileo* während eines nahen Vorbeiflugs am Jupitermond Europa aufgenommen hatte. Die Oberfläche der Europa ist zweifellos gefroren, doch ihr Aussehen weist auf erhebliche Störungen hin, die entweder von inneren Energiequellen oder von durch die Gravitation des Jupiter ausgelösten Gezeitenkräften herrühren. Was nach Eisschollen und Anzeichen für geysirähnliche Aktivitäten aussieht, lässt vermuten, dass unter der gefrorenen Kruste des Mondes durchaus flüssiges Wasser vorhanden gewesen sein kann und vielleicht immer noch ist. Und wie auf dem Kometen Hale-Bopp existieren vielleicht auch dort organische Moleküle. Angesichts der Entdeckung von Leben an unwahrscheinlichen Orten auf der Erde kann man sich sogar vorstellen, dass in einem verborgenen Ozean auf dem Mond Europa sich fortpflanzendes Leben existiert. In der Tat scheinen die zahlreichen kleinen Monde der äußeren Planeten mehr potentielle Nischen für die Entwicklung von Leben zu bieten als ihre Planeten.

So aufregend es wäre, auf dem Mond Europa oder, sagen wir, auf dem Saturnmond Titan Leben zu finden, ist natürlich dennoch klar, dass es außerhalb der Erde kein intelligentes Leben in unserem Sonnensystem gibt. Wenn wir verwandte Seelen im Weltall finden wollen, müssen wir über den Bereich unserer Sonne hinausblicken. Obwohl die vorangegangenen Kapitel deutlich machen, dass das in Raumschiffen wohl schwerlich möglich sein wird, weist eine Anzahl neuer Entdeckungen darauf hin, dass wir Planeten der Klasse M – wie bei *Star Trek* erdähnliche Systeme heißen – vielleicht direkt entdecken können.

Bis vor ein paar Jahren hatten zwar Astronomen schon lange geltend gemacht, dass ein erheblicher Anteil der Sterne wahrscheinlich über Planetensysteme verfügt, doch Skeptiker hatten entgegnet, dass es wohl an die vierhundert Milliarden Sterne in unserer Galaxis gebe, doch nur neun bekannte Planeten. Nun, das ist nicht mehr der Fall. Wir haben eine Hand voll Planeten entdeckt, die um sonnenähnliche Sterne kreisen, der nächste ein paar Dutzend Lichtjahre entfernt. Das spricht dafür, dass die Entstehung von Planeten ein ziemlich gewöhnlicher Vorgang ist und durchaus nicht die Rarität, als die sie einst erschien. Die erste Beobachtung eines Planeten in einer Umlaufbahn um einen fremden sonnenähnlichen Stern wurde 1995 von Michel Mayer und seiner Gruppe am Genfer Observatorium gemeldet. Die meisten neuen Daten und jedenfalls die überzeugendsten Ergebnisse sind jedoch von einer Gruppe zusammengetragen worden, die ihr Zentrum an der Universität von San Francisco hat und von Geoff Marcy geleitet wird, der sich das letzte Jahrzehnt hindurch sorgfältig mit dem nötigen Werkzeug für die Aufgabe ausgerüstet hatte.

Für die Suche nach Planeten außerhalb unseres Sonnensystems ist folgende Idee benutzt worden: Obwohl wir uns die kopernikanische Revolution meistens als die Entdeckung vorstellen, dass unser Planet um die Sonne kreist und nicht umgekehrt, ist das nicht streng korrekt. Die Gravitation wirkt in beide Richtungen. Dasselbe Newton'sche Gesetz, wonach über uns schwebende riesige fliegende Untertassen uns zermalmen müssen, besagt auch, dass, während die Planeten um die Sonne kreisen, sich die Sonne ihrerseits bewegt. Während wir dazu neigen, Planetenbahnen zu idealisieren und sie uns mit einer feststehenden Sonne im Mittelpunkt vorzustellen, kreisen in Wirklichkeit sowohl der Planet als auch die Sonne um einen Punkt zwischen beiden, den Massenschwerpunkt des Systems. Da die Planeten viel leichter als die Sonne sind, liegt dieser Punkt nahe dem Massenzentrum der Sonne, sodass die Sonne eigentlich um einen Punkt kreist, der knapp über ihrer Oberfläche liegt.

Also (wie die katholische Kirche fast vierhundert Jahre lang beharrlich behauptet hat, solange sie sich weigerte, ihr Urteil über Galilei aufzuheben) kreist die Sonne im Sonnensystem! Aber nur ein bisschen. Wie viel, können wir nur schätzen, indem wir davon ausgehen, dass Jupiter, der bei weitem massereichste Planet, mit seiner Gravitation alle anderen Planeten überwiegt. Da der Jupiter die Sonne einmal in 11,86 Jahren umrundet, heißt das, dass die Sonne den Schwerpunkt des Systems Sonne-Jupiter – der in einer Entfernung von rund 800 000 km vom Mittelpunkt der Sonne knapp über der Sonnenoberfläche liegt – ebenfalls einmal in 11,86 Jahren umrundet. Wenn man dann die Geschwindigkeit der Sonne auf dieser Umlaufbahn berechnet, stellt man fest, dass sie sich mit etwa zehn Metern pro Sekunde bewegt, also etwa dem Tempo, das Sprinter bei den Olympischen Spielen erreichen. Für einen Menschen ist das ganz schön schnell; für einen Himmelskörper wie die Sonne ist es fast unvorstellbar langsam.

Ein vernünftiger Mensch – sagen wir, ein *Star Trek*-Autor – könnte die Möglichkeit verwerfen, derart kleine Bewegungen an fernen Sternen zu messen; eins der faszinierendsten Dinge an der modernen Experimentalwissenschaft – zumindest für mich – ist aber die Tatsache, dass Messgenauigkeiten, die einst phantastisch erschienen, heute routinemäßig erreicht werden. Der Schlüssel passt nicht nur bei der Planetensuche – er ist das Arbeitspferd der modernen Astronomie: der Dopplereffekt. (Für diejenigen, die mit diesem Effekt nur Schulphysik verbinden können, fehlt es ihm vielleicht an Poesie, doch die Poesie liegt im Ohr der Zuhörers. In meinem Büro hängt ein Cartoon des großartigen Wissenschaftskarikaturisten Sid Harris; er zeigt zwei Cowboys, wie sie in der Ebene bei Sonnenuntergang auf einen fernen Zug schauen. Der eine Cowboy sagt zum anderen: »Ich höre so gerne dem einsamen Klagen der Zugpfeife zu, wenn der Wert der Wellenfrequenz sich gemäß dem Dopplereffekt verschiebt.«) Die wohlbekannte Tatsache, dass Sirenen höher klingen, wenn sie sich nähern, als wenn sie sich entfernen, ist von den Astronomen seit gut hundert Jahren benutzt worden, um etwas über das Weltall zu erfahren. Die Sirene klingt höher, weil die herankommenden Schallwellen kürzer sind, was einem höheren Ton entspricht. Dasselbe gilt für Licht; wenn Licht von einem Objekt ausgestrahlt wird, das sich auf uns zu bewegt, empfängt man zusammengedrängte Wellen, sodass das Licht bläulich erscheint.

Wenn sich das Objekt von uns fortbewegt, ist das Licht nach Rot verschoben. Der amerikanische Astronom Edwin Hubble wurde in den späten Zwanzigerjahren für seinen Nachweis berühmt, wonach die von fernen Galaxien ausgestrahlten Lichtfrequenzen zeigen, dass diese Sterneninseln sich von uns fortbewegen und dass ihre Geschwindigkeit proportional zu ihrer Entfernung ist. Auf diese Weise entdeckten wir, dass sich das Weltall ausdehnt.

Auf ähnliche Weise können Astronomen, indem sie die Frequenzverschiebung von einer Seite der Galaxis beobachten und mit der von der anderen Seite vergleichen, die Rotationsgeschwindigkeit der Galaxis ermitteln. In den Siebzigerjahren konnten Vera Rubin und ihre Kollegen zeigen, dass diese Rotation anomal ist – das heißt, die Bewegungen der Galaxis scheinen einem Gravitationszug zu entsprechen, der von viel mehr Masse hervorgerufen wird, als in den Galaxien selbst sichtbar ist. So wurde die ›dunkle Materie‹ entdeckt. Es zeigt sich, dass über 90 % der Masse in dem der Beobachtung zugänglichen Universum nichtleuchtende Materie ausmacht, und deren Natur ist eins der herausragenden Rätsel der modernen Astronomie und Kosmologie.

Offensichtlich kann der einfache Dopplereffekt eine Menge leisten. 1995 und 1996 konnten Mayer, Marcy und ihre Kollegen schließlich die kleinen Schwankungen naher Sterne messen und so eine neue Art unsichtbarer Materie entdecken: Planeten von Jupitergröße. Bei solchen Untersuchungen muss man nicht nur die Geschwindigkeit, mit der der Stern hin und her schwankt, sehr genau messen, sondern auch die Zeitdauer, in der sich seine Geschwindigkeit ändert, um die Charakteristika der umlaufenden Planeten festzustellen. Mit diesen beiden Messungen kann die Masse des Planeten eindeutig ermittelt werden.

Am bemerkenswertesten ist dabei, dass manche von diesen neu entdeckten Riesenplaneten – mit bis zu knapp fünffacher Jupitermasse – in Bahnen um ihre Sterne zu laufen scheinen, die näher an dem Stern sind als die Merkurbahn an der Sonne. Einer von ihnen – der als erster gefunden wurde – hat eine Umlaufzeit von nur etwa vier Tagen! Nicht lange vor diesen Beobachtungen hatten theoretische Vorhersagen vermuten lassen, dass sich Riesenplaneten wegen der Gezeitenkräfte nicht derart nahe bei ihrem Stern bilden könnten. Die neuen Beobachtungen deuten darauf hin, dass Planeten nicht nur leichter entstehen können, als man bisher glaubte, sondern auch auf weitaus vielfältigere Art. Vielleicht ist unser Sonnensystem nicht besonders typisch. Mit neuen möglichen Arten der Planetenentstehung eröffnen sich auch neue Möglichkeiten für den Ursprung von Leben.

Es ist wichtig zu betonen, dass die bisher beobachteten Planetensysteme nicht geeignet zu sein scheinen, erdähnliches, höher entwickeltes Leben zu tragen. Die Bedingungen extremer Hitze und einer sehr großen Oberflächengravitation dürften kaum die Evolution solchen Lebens erlauben. Einer der neu entdeckten Planeten ist jedoch weit genug von seinem Stern entfernt, damit auf oder unweit seiner Oberfläche flüssiges Wasser vorhanden sein kann. Wie wir aus jüngeren Entdeckungen auf der Erde wissen, könnten Wasser und ein wenig Wärme genügen, um primitives Leben zu ermöglichen.

Ich möchte hervorheben, wie erstaunlich die Entdeckung dieser jupiterähnlichen Planeten wirklich ist. Um auf die Existenz dieser Objekte zu schließen, müssen Sternbewegungen in den Größenordnung von ein paar Dutzend Metern pro Sekunde mit Hilfe von Dopplerverschiebungen beobachtet werden. Solche Bewegungen erzeugen winzigste Frequenzverschiebungen des beobachteten Lichts. Diese kleinen Frequenzverschiebungen müssen nicht nur aufgelöst, sondern über Tage, Wochen, Monate hinweg sorgfältig überwacht werden, um überzeugend zeigen zu können, dass ihre Regelmäßigkeit wirklich auf einen umlaufenden Planeten zurückzuführen ist und nicht beispielsweise auf geordnetes Pulsieren der Sternoberfläche. Mit ihrer Beharrlichkeit und technischen Meisterschaft hat uns eine kleine Gruppe von enthusiastischen Beobachtern einen Schritt näher zu den Sternen gebracht.

Doch wie die Agenten Mulder und Scully wahrscheinlich sagen würden, indirekte Anzeichen außerirdischer Intelligenz durchzugehen ist interessant, reicht aber doch nur, um in Fahrt zu kommen. Hingegen einem Außerirdischen Auge in Auge oder doch wenigstens von Körperteil zu Körperteil gegenüber zu stehen – ja, das wäre es doch eigentlich! Egal, wie viele exotische Metallobjekte das Team von *Akte X* aus den Nasengängen von Leuten extrahiert hat, die von Aliens entführt wurden, es müsste wahrscheinlich ein veritabler Körper eines Außerirdischen entdeckt werden – einer, der nicht ärgerlicherweise immer wieder verschwindet –, um ihre Vorgesetzten (oder wenigstens die, die nicht einer bösen Regierungsverschwörung angehören) zu überzeugen. Manchmal glaubt man eben nur, was man mit eigenen Augen sieht, sogar in *Akte X*.

So aufregend die Entdeckung von Planeten außerhalb unseres Sonnensystems ist, sollte man dennoch betonen, dass wir noch keinen direkt *gesehen* haben. Mehr noch, die Geschwindigkeit, mit der ein erdähnlicher Planet in erdähnlicher Entfernung einen sonnenähnlichen Stern sich bewegen lässt, beträgt nur etwa zehn Zentimeter pro Sekunde, und so ein Objekt auch nur indirekt zu entdecken, ist keine leichte Aufgabe. Um solche Geschwindigkeiten wahrzunehmen, müssten Frequenzauflösung und Fehlergrenze besser als eins zu einer Milliarde des Messwertes sein, was in absehbarer Zukunft kaum zu machen sein dürfte. Und selbst wenn, dann könnten auf diesem Niveau so viele andere Quellen astronomischen ›Rauschens‹ empfangen werden, dass das Signal darin hoffnungslos unterginge.

Eine Technik, die es uns vielleicht ermöglicht, auf die Existenz kleinerer Planeten in erdähnlichen Entfernungen von ihrem Stern zu schließen, könnte darauf beruhen, dass man nicht die Geschwindigkeit misst, mit der sich der Stern aufgrund des umlaufenden Planeten bewegt, sondern die Änderungen in der Position des Sterns am Himmel. Diese Technik ist vor mehr als hundert Jahren vom ersten amerikanischen Physik-Nobelpreisträger entwickelt worden, von Albert A. Michelson von der physikalischen Fakultät meiner Heimatinstitution, der Case Western Reserve University (damals Case Institute of Technology). Sie wird optische Interferometrie genannt. Eine weit entfernte Lichtquelle wird gleichzeitig mit zwei benachbarten Teleskopen beobachtet, sodass Wellenberge und -täler des Lichts verglichen werden können. Da sichtbares Licht so kurzwellig ist, bewirkt sogar eine kleine Änderung in der Position des Sterns am Himmel eine messbare Änderung in der Art, wie diese Wellenberge und -täler an den beiden Teleskopen ankommen. Das erlaubt es, die Bewegung des Sterns am Himmel mit hoher Auflösung zu ermitteln. Eine neue binokuläre Anlage auf dem Mount Palomar erreicht im Prinzip eine Auflösung von einem Hundertmillionstel Grad. Das ist eine Größenordnung, die ich noch vor kurzem als Science Fiction bezeichnet hätte – es ist, als könnte man vom Mond aus sehen, ob ich einen oder zwei Finger hochhalte!

Man könnte meinen, dass wir bei dieser hohen Auflösung imstande sein sollten, die Planeten, die nahe Sterne umkreisen, direkt zu ›sehen‹. Von da wäre es nur noch ein kleiner Schritt, dass wir unsere Tricorder herausholen und wie Dr. McCoy oder Dr. Crusher nach Lebensformen scannen. Nun, da ist noch ein Problem zu bewältigen. Während man im Prinzip die Entfernung zwischen einem Planeten und einem Stern leicht messen kann, wenn der Planet die gleiche Entfernung vom Stern wie die Erde von der Sonne hat und wenn sich das beobachtete System nicht weiter als etwa hundert Lichtjahre entfernt befindet, besteht die Schwierigkeit darin, dass Sterne sehr hell sind, ihre Planeten aber, die nur Licht reflektieren, viel dunkler. Hinzu kommt ein zweites Problem: Wenn das Licht kosmischer Objekte unsere Atmosphäre durchläuft, wird es durch Schwankungen der Luftdichte, Luftbewegungen usw. gebeugt; im Ergebnis wird das Signal von einer Punktquelle über ein scheibenförmiges Gebiet verschmiert. Diese ›Beugungsscheibe‹ ist für ein typisches terrestrisches Observatorium so groß, dass das Licht eines nahen Stern ohne weiteres den Bereich überstrahlt, in dem sich seine Planeten befinden.

Eins von den wenigen Beispielen, dass bei der Arbeit an SDI etwas Brauchbares herauskam, ist eine unter dem Namen ›adaptive Optik‹ bekannt gewordene Technik, die es den Astronomen im Prinzip ermöglicht, das letztere Problem zu umgehen. Zum Glück wird, nachdem SDI nun nicht mehr betrieben wird, diese seinerzeit geheime Forschung einem guten Zweck zugeführt. Die Idee ist einfach: Wenn man ein Referenzobjekt hat, dessen ursprüngliches Lichtprofil – zumindest annähernd – bekannt ist, dann kann man, indem man zusätzlich dieses Objekt durch die Atmosphäre beobachtet und sieht, wie das Licht gestreut wird, die von der Atmosphäre verursachten Effekte zu jedem gegebenen Moment abziehen. Wenn sich das eigentliche Beobachtungsobjekt am Himmel nahe genug bei dem Referenzobjekt befindet, kann man diese Subtraktionsmethode benutzen, um das eigentliche Objekt mit höherer Genauigkeit zu erfassen. Was aber, wenn sich kein Referenzstern in der Nähe dessen befindet, den man beobachten will? Nun, am Lawrence Livermore National Laboratory, einer der Stellen, wo die SDI-Forschung beheimatet war, ist eine Gruppe auf eine neuartige Lösung gekommen. Wenn man keinen Stern in der Nähe hat – dann macht man einfach einen.

Das klingt noch ehrgeiziger als alles, was Geordi LaForge oder Data Captain Picard vorschlagen würden – oder etwas, das nur eine Forschungsgruppe unternehmen würde, die von einem Geldsegen aus dem Verteidigungsministerium beglückt wird. Doch vom praktischen Standpunkt aus ist ein Stern einfach ein Lichtpunkt am Himmel – und der ist natürlich viel leichter herzustellen als ein wirklicher Stern. Wissenschaftler vom Lawrence Livermore haben es geschafft, indem sie einen starken Laser benutzten, der mit von Natriumatomen emittiertem Licht arbeitet. Der Laserstrahl durchdringt als dünnes Lichtbündel die Atmosphäre nach oben. In etwa 30 Kilometern über der Erdoberfläche absorbieren Natriumatome in der dünnen Hochatmosphäre das Licht und strahlen es zurück. *Voilà!* – ein heller Lichtpunkt am Himmel! Es ist erstaunlich, Fotos dieser künstlichen Sterne zu sehen, wie sie nachts hoch über den Lichtern von Livermore, Kalifornien, leuchten. Man sieht, wie der starke, scharf gebündelte Laserstrahl zum Himmel aufsteigt; dann wird sein Licht schwächer, weil die Atmosphäre, die es reflektiert, dünner wird; und wie schließlich hoch oben in einem Gebiet, wo Natrium vorhanden ist, das das Licht absorbieren und wieder ausstrahlen kann, ein einzelner gelblich-rötlicher ›Stern‹ aufleuchtet.

Da man das ursprüngliche Profil des Laserstrahls und den Ort, auf den er gerichtet ist, sehr genau kennt, kann man die beobachteten Werte dieser ›Leitsterne‹ benutzen, um die atmosphärischen Effekte mit großer Präzision zu subtrahieren. Und da man den Laser in jede Richtung lenken kann, kann man den Leitstern beliebig nahe bei dem Stern platzieren, den man beobachten will. Auf diese Weise ist es möglich, ein Modell von der Lichtstreuung des wirklichen Sterns herzustellen, das es einem erlaubt, in seiner Umgebung nach lichtschwachen Objekten zu suchen. Wichtiger noch, man kann das schwache Licht jedes umlaufenden Planeten (das ebenfalls von atmosphärischen Effekten verteilt wird) hinter dem gestreuten Licht des Sterns ausmachen. So schwierig das klingen mag, manche Astronomen glauben, dass – wenn die beiden 10-Meter-Teleskope im Keck-Observatorium auf Hawaii, die größten Teleskope der Welt, mit einer Leitstern-Laservorrichtung ausgestattet werden – es binnen eines Jahrzehnts möglich sein wird, jupiterähnliche Planeten direkt zu beobachten. Einer meiner Kollegen an der Case Western Reserve University, Glenn Starkman, hat diesem Schema eine neue Nuance hinzugefügt. Er schlägt vor, einen Satelliten zu starten, der einen großen Ballon aussetzt, welcher dann so gelenkt werden kann, dass er das störende Sternenlicht verdeckt und auf diese Weise die Suche nach Planeten unterstützt.

Wenn es erst einmal möglich wird, Planeten direkt zu beobachten, wirkt die Idee, nach Leben zu forschen, nicht mehr gar so weit hergeholt. Natürlich würde man damit nicht in der Lage sein, direkt nach Lebensformen zu suchen; wenn man aber die Farbe des von einem Planeten reflektierten Lichtes einfangen kann, wird man eine Menge über seine Atmosphäre und seine Oberflächenbeschaffenheit herausfinden. Die NASA hat die direkte Beobachtung anderer Planetensysteme als eins ihrer Ziele für das 21. Jahrhundert vorgeschlagen. Die nächste Generation von Teleskopen im Weltraum wird auf dem unglaublichen Erfolg des Hubble-Teleskops aufbauen und alle Beobachtungen, die wir von der Erde aus machen können, übertreffen. Und es würde mich nicht überraschen, wenn wir im 21. Jahrhundert eine mit Wasser versehene und von Organismen bewohnte Welt irgendwo in der galaktischen Nachbarschaft entdecken würden.

SIEBEN

Auf die Galaxis setzen

> Er ist nicht in einer, sondern in zahl-
> losen Sonnen verherrlicht; nicht in einer
> einzigen Erde, einer einzigen Welt,
> sondern in tausendmal Tausenden, ich
> sage, in einer Unendlichkeit von Welten.
>
> *Giordano Bruno*

Zum Glück können, nur vierhundert Jahre nachdem Bruno für seine Behauptung auf dem Scheiterhaufen verbrannt wurde, Filmautoren ihrer Phantasie ziemlich ungehindert freien Lauf lassen. Mich hat immer der Einfallsreichtum der Science Fiction-Autoren von Hollywood beeindruckt, wenn es um die Erschaffung außerirdischer Wesen geht. Doch die Phantasie der Autoren bleibt immer dann hinter den Anforderungen zurück, wenn es gilt, die mögliche Vielfalt und Menge des Lebens im Universum heraufzubeschwören. Sogar wenn man die auf Silizium beruhenden Horta, die insektenartigen Harada und die cybernetischen Borg zusammennimmt, die Wooky, die Sandwürmer, Yoda und Jabba den Hutt, den kleinen E.T., die schleimigen Bestien aus *Independence Day* und dem *Alien*-Zyklus mitsamt allen Geschöpfen in *Men in Black*, kratzt man gerade mal an der Oberfläche dessen, was möglich sein könnte.

Bedenken Sie folgendes: Auf DNS beruhende, sich selbst reproduzierende Lebensformen enthalten vier genetische ›Buchstaben‹ und annähernd tausend solcher Buchstaben bilden in verschiedenen Kombinationen ein Gen; daher kommt man auf etwa 10^{600} mögliche Varianten. Selbst wenn die Natur die ganze

Erdgeschichte hindurch in jeder Zelle auf der Erde pro Sekunde eine neue Genkombination hervorbringen würde, betrüge die auf diese Weise erzeugte Gesamtsumme von Kombinationen nur rund 10^{47}.

Nun können zwar viele einzelne Buchstaben in einem Gen bedeutungslos sein, doch sogar, wenn 99,999 999 999 999 999 999 999 999 999 999 999 999 999 999 Prozent aller möglichen Genkombinationen zu genetischem Müll führen, wäre die Gesamtsumme aller unterschiedlichen Lebensformen, die auf diese Weise auf der Erde hätten entstehen können, im Verhältnis zur Gesamtsumme der denkbaren Möglichkeiten kleiner als ein Atom im Verhältnis zur Gesamtzahl aller Atome im Weltall!

Und das gilt schon allein für die DNS. Wir haben keine Vorstellung, ob noch andere sich selbst reproduzierende organische oder anorganische Kombinationen existieren können – wenn ja, dann könnte die oben angegebene Schätzung für die mögliche Vielfalt des Lebens in der Galaxis um viele Größenordnungen zu klein sein. Es sind nicht nur die Möglichkeiten praktisch unendlich, sondern eine Menge aufregender Entdeckungen hat uns in den letzten Jahren unsere Schätzungen, mit welcher Wahrscheinlichkeit Leben anderswo in unserer Galaxis entstanden sein kann, nach oben korrigieren lassen. Wenn es ein Jahr des Außerirdischen geben sollte, dann ist 1996 bisher einer der besten Kandidaten dafür. Jedes indirekte Indiz, über das wir verfügen, weist jetzt stärker als je zuvor darauf hin, dass Leben weit verbreitet ist. Einst hatten wir überhaupt keine Ahnung, wie die Bausteine des Lebens auf der Erde entstanden sein könnten; jetzt haben wir eine Anzahl von bestechenden, miteinander konkurrierenden Theorien. Überdies ist, wie ich im vorigen Kapitel bemerkt habe, Leben an Orten entdeckt worden, an denen es nicht hätte entstehen dürfen. Es gibt nichts Aufregenderes für einen Wissenschaftler, als wenn sich inmitten reichhaltiger neuer Daten die Dinge anders darstellen als erwartet.

Es soll betont werden, dass nicht alles möglich ist. Ungeachtet der großen potenziellen Vielfalt außerirdischen Lebens sind die

Autoren von *Star Trek*, *Akte X* und den *Alien*-Filmen (sowie einige Leute, die von UFOs entführt worden sein wollen, und ihre Psychiater) etwas übers Ziel hinausgeschossen. Ein Beispiel ist die Vorliebe der Drehbuchautoren, die Ergebnisse erfolgreicher Kreuzungen darzustellen. (Damit meine ich nicht artgemischte Paare, wie sie ab und zu auf der Erde und reichlich in *Star Trek* vorkommen. Da ist die berühmte Szene zwischen Captain Kirk und Königin Deela, die in den Sechzigerjahren dem Zensor entging; da sind die Liebesaffäre zwischen Dr. Beverly Crusher und Botschafter Odan und die Tändeleien zwischen dem ausgeprägt männlichen Commander William Riker und nahezu jedem Alien in einem Rock.) Unter allen Themen außerhalb der Physik, zu denen ich nach meinem letzten Buch Briefe bekam, scheint dieser Aspekt von *Star Trek* den meisten Spott geerntet zu haben – obwohl ich annehme, dass die Kreuzungen von Mensch und Alien in *Akte X* unter den Zuschauern dort weniger Zorn erregen. Auf der Erde ist es den Biologen und manchen Farmern gut bekannt, dass Geschlechtsverkehr zwischen verschiedenen Arten nur in den seltensten Fällen lebensfähige Nachkommen hervorbringt. Der genetische Code scheint zwar einerseits unendlich wandelbar zu sein, ist aber andererseits ziemlich empfindlich. Ebenso gut könnten Sie versuchen, ein Macintosh-Programm auf einem Windows-XP-Rechner laufen zu lassen! Sogar Arten, die sich genetisch bemerkenswert nahe stehen, sind unvereinbar, was die Fortpflanzung angeht. Und in den seltenen Fällen, wo die Nachkommen nahe verwandter Arten lebensfähig sind – Maulesel beispielsweise –, sind sie selbst im allgemeinen nicht fortpflanzungsfähig.

Dies also gilt für Arten, die seit vielleicht Jahrmillionen nebeneinander auf demselben Planeten existieren, die seither auf ähnliche Anforderungen der Evolution reagieren und deren Genome nicht auffällig verschieden sind. Stellen Sie sich Versuche vor, zwei Arten miteinander zu kreuzen, die sich auf verschiedenen Planeten entwickelt haben. Selbst wenn die grundlegende Chemie dieselbe wäre – was nicht sehr wahrscheinlich ist –, ist äußerst schwer zu glauben, dass die Kreuzung zwischen einem Vulkanier und einer Menschenfrau etwas auch nur annähernd so Lebensfähiges wie Mr. Spock hervorbringen würde, ebenso wenig, wie die Kreuzung zwischen Mensch und Schimpanse lebensfähige Nachkommen erzeugen könnte. (Die Reihenfolge hier soll nicht als Entsprechung zur Analogie Vulkanier-Mensch verstanden werden.)

Jedenfalls haben die faszinierenden neuen Entdeckungen der letzten paar Jahre unser Denken über die Wahrscheinlichkeit von Leben im Kosmos verändert. Zuvor war die Existenz von Planeten außerhalb unseres Sonnensystems pure Spekulation, und der Spielraum für die Bedingungen, unter denen Leben entstehen und überleben kann, galt als viel schmaler als heute. Zu keinem Zeitpunkt im 20. Jahrhundert hat es mehr Grund zum Optimismus gegeben, was die Möglichkeiten angeht, in unserer Zukunft außerirdisches Leben zu entdecken, vielleicht sogar intelligentes.

Seit gut dreißig Jahren ist die Standardschätzung für die Wahrscheinlichkeit, mit der außerirdische Zivilisationen existieren, in der so genannten Drake-Gleichung (nach dem Astronomen Frank Drake, der sie aufgestellt hat) formuliert worden. In dieser Gleichung wird die Anzahl der Zivilisationen errechnet als Produkt der Anzahl der Sterne in der Galaxis mit mehreren Brüchen, die verschiedene Wahrscheinlichkeiten darstellen – etwa der Prozentsatz der Sterne, die wahrscheinlich Planetensysteme haben; der Prozentsatz von diesen, die wahrscheinlich erdähnliche Planeten besitzen; darunter der Prozentsatz von Sternen, die wahrscheinlich lange genug stabil sind, damit sich Leben entwickeln kann; der Bruchteil jener Lebensformen, die sich wahrscheinlich so entwickeln werden, dass sie Intelligenz erreichen, und wo weiter. Im Grunde setzt diese Gleichung unsere Unwissenheit in Parameter um, da jede der grundlegenden Wahrscheinlichkeiten, die in die Gleichung eingehen, strittig ist. Auf diese Weise haben unterschiedliche Gruppen Werte für die Anzahl der Zivilisationen in unserer Galaxis errechnet, die von mehreren Millionen bis zu einer reichen. In dem Maße, wie im Laufe der Zeit unser Wissen zunimmt, sind zumindest für einige dieser Faktoren verlässlichere Schätzungen aufgekommen.

Ich hatte jedoch immer das Gefühl, dass dieser Herangehensweise ein Problem innewohnt, und auf der Konferenz zur Suche nach außerirdischer Intelligenz in Neapel, die ich in Kapitel 2 erwähnt habe, konnte ich mit Frank Drake selbst darüber diskutieren. Das Problem ist, dass viele der einzelnen Wahrscheinlichkeiten, die als Faktoren in die Gleichung eingehen, klein sind, und ihr Produkt ist noch viel kleiner. Auf diese Weise kommt man von möglicherweise 400 Milliarden Sternen in unserer Galaxis auf vielleicht eine Hand voll Zivilisationen. Wenn nun Wahrscheinlichkeiten derart klein werden, sind sie mitunter schwer abzuschätzen. Die Statistik sehr seltener Ereignisse ist ziemlich kompliziert und die naivste Anwendung der Wahrscheinlichkeiten ist vielleicht nicht der beste Weg, sich dem Gegenstand zu nähern.

Wenn man eine Wahrscheinlichkeit betrachtet, die sich als Produkt aus vielen einzelnen Wahrscheinlichkeiten ergibt, ist das Ergebnis zunächst einmal immer eine kleine Zahl, denn jede einzelne Wahrscheinlichkeit, die in das Produkt eingeht, ist kleiner als eins und das Produkt von vielen Zahlen kleiner als eins ist immer sehr klein. Auf diese Weise betrachtet, ist beispielsweise die Wahrscheinlichkeit für jedes bestimmte Ereignis in Ihrem Leben beinahe Null. Die Wahrscheinlichkeit, dass ich heute morgen 7.30 Uhr in Genf erwachen würde, erfordert erst einmal, dass ich von meinem Institut Urlaub bekommen habe, was wiederum voraussetzt, dass ich überhaupt in diesem Institut arbeite, dies wiederum erfordert, dass ich mich für die Physik als Beruf entschieden habe, und so weiter. Unmittelbarer betrachtet, war es für mein Erwachen um 7.30 Uhr wahrscheinlich notwendig, dass sich vor meinem Fenster ein kleiner Teich befindet, in dem eine bestimmte Kaulquappe heranwuchs, aus der schließlich ein Frosch wurde, der um 7.29 Uhr quakte, und so fort. Obwohl alle diese Wahrscheinlichkeiten (und eine Vielzahl anderer – zu groß, um sie zu erwähnen) sehr klein waren und insgesamt zu einer unendlich kleinen Wahrscheinlichkeit führten, dass ich zu eben diesem Zeitpunkt erwachen würde, bin ich um 7.30 Uhr erwacht. Ereignisse mit geringer Wahrscheinlichkeit passieren auf Schritt und Tritt, weil *alle* Ereignisse, auf solche Weise betrachtet, geringe Wahrscheinlichkeit haben.

Übrigens ist das einer der Gründe, weshalb wir vorsichtig sein müssen, wenn uns jemand etwa das Folgende erzählt: »Neulich habe ich geträumt, dass meine Frau nach mir schrie, als sie die Treppe hinabfiel und sich ein Bein brach. Eine Woche später stolperte sie und verletzte sich – ist das nicht erstaunlich? Die Wahrscheinlichkeit, dass mein Traum sich erfüllt, ist so gering, dass da irgend etwas Unheimliches im Spiel gewesen sein muss.« Nun, darauf hatte der berühmte Physiker Richard Feynman eine interessante Entgegnung. Manchmal rief er aus: »Sie werden es nicht glauben, was mir heute Morgen passiert ist!« Wenn man den Köder schluckte, antwortete er: »Überhaupt nichts Besonderes!« Der springende Punkt ist, dass wir dazu neigen, uns an die ungewöhnlichen Ereignisse zu erinnern und die gewöhnlichen zu vergessen. Ein erstaunliches Zusammentreffen ist in jedem Fall erstaunlich, aber vielleicht nicht gar so sehr, wie wir glauben mögen.

Es gibt ein verwandtes Problem, das es hier zu beachten gilt. Wenn man die Wahrscheinlichkeit betrachtet, mit der viele einzelne Ereignisse geschehen, muss man auch überlegen, ob sie vielleicht in Korrelation stehen – das heißt, ob sie wirklich unabhängig voneinander sind oder nicht. Wenn sie korrelieren, kommt man durch einfache Multiplikation der einzelnen Wahrscheinlichkeiten nicht auf das richtige Ergebnis, und die tatsächliche Gesamtwahrscheinlichkeit kann viel größer sein als die, die man erhält, wenn man diesen Fehler macht. Beispielsweise kann die Wahrscheinlichkeit, dass ich einen saftigen Fluch ausstoße, zu jedem gegebenen Zeitpunkt klein sein (wenn auch bestimmt nicht gleich Null). Die Wahrscheinlichkeit, dass ich mich zu einem gegebenen Zeitpunkt am Musikantenknochen stoße, ist ebenfalls klein. Die Wahrscheinlichkeit jedoch, dass ich mich am Musikantenknochen stoße und dann fluche, ist nicht gleich dem Produkt dieser beiden Wahrscheinlichkeiten, da die Wahrscheinlichkeit, zu einem gegebenen Zeitpunkt zu fluchen, mit der Wahrscheinlichkeit korreliert, dass ich mir zu einem gegebenen Zeitpunkt weh tue. Ebenso mag die Wahrscheinlichkeit klein sein, dass ein Planet Meteoriten- und Kometeneinschläge lange genug übersteht, damit sich intelligentes Leben entwickeln kann. Und die Wahrscheinlichkeit, dass ein Sonnensystem einen jupitergroßen Planeten in seinem äußeren Bereich hat, mag ebenfalls klein sein. Doch diese beiden Faktoren sind nicht unabhängig voneinander: Man glaubt, dass die Gravitationswirkung des Jupiter wichtig war, um viele potenziell tödliche Objekte von der Erdbahn fernzuhalten.

Der moderne Sprachgebrauch für diese Gedanken lautet ›bedingte Wahrscheinlichkeit‹. Ihre Verfechter meinen, wir sollten uns nicht mit ›absoluten Wahrscheinlichkeiten‹ abgeben, die oft keine Bedeutung für die wirkliche Lage der Dinge haben, sondern mit ›bedingten Wahrscheinlichkeiten‹ – mit den Chancen, dass ein Ereignis eintritt, wenn ein Ensemble von Ausgangsbedingungen vorliegt. Wir wissen jedoch nicht immer, welche Wahrscheinlichkeiten von anderen Wahrscheinlichkeiten bedingt werden; daher kann es kompliziert werden, wenn man versucht, die Wahrscheinlichkeit abzuschätzen, mit der ein bestimmtes Ensemble von Ereignissen auftritt – ausgenommen Ereignisse, die unter kontrollierten Laborbedingungen experimentell erzeugt werden.

Es ist eine Methode entwickelt worden, dieses Problem zu umgehen; sie basiert auf dem nicht besonders intuitiven, aber äußerst wichtigen Gedanken, dass etwas mit einer kleinen absoluten Wahrscheinlichkeit trotzdem häufiger geschehen kann als jede andere Möglichkeit. Wie schon erwähnt, kann man jedes Ereignis auf der Welt so betrachten, dass es eine verschwindend geringe Wahrscheinlichkeit hat, wenn alle Faktoren, die dabei zusammenkommen, berücksichtigt werden. Wichtig ist daher nicht die absolute, sondern die relative Wahrscheinlichkeit. Welches Ensemble von Beobachtungen ist bei einem breiten Spektrum von möglichen Ergebnissen plausibler als andere? Wenn ein Ensemble von möglichen Ergebnissen eine Wahrscheinlichkeit von 1 zu einer Million hat, dann klingt das nach ziemlich wenig. Wenn aber die übrigen Ensembles von Ergebnissen jedes für sich Wahrscheinlichkeiten von 1 zu einer Milliarde haben, dann wird das erste Ensemble bei einem einzelnen Versuch mit tausendmal höherer Wahrscheinlichkeit herauskommen als jedes andere Ensemble.

Bei so vielen möglichen Resultaten ist natürlich nicht so sehr ein einzelnes Ensemble von Ergebnissen von praktischer Bedeutung, sondern vielmehr die Frage, ob das beobachtete Ensemble dem mit der größten Likelihood* nahe kommt. Ein Beispiel soll das verdeutlichen: Sagen wir, ich beginne eine Serie von Münzwürfen und zähle, wie oft *Zahl* oder *Wappen* kommen. Wir alle wissen intuitiv, dass mit der größten Wahrscheinlichkeit die Anzahl der *Wappen* und der *Zahlen* ungefähr gleich sein wird. Wir erwarten aber nicht, dass beide *immer* exakt gleich häufig kommen. Wenn ich zehnmal eine Münze werfe, kann ich sechsmal *Zahl* und viermal *Wappen* bekommen oder umgekehrt. Wenn ich die Münze immer öfter werfe, wächst die Anzahl der möglichen Ergebnisensembles und damit wird die Wahrscheinlichkeit jedes bestimmten Ensembles (sagen wir, 499-mal *Zahl* und 501-mal *Wappen* bei 1000 Würfen) immer kleiner, eben weil es immer mehr verschiedene Möglichkeiten gibt, die eintreten können. Doch obwohl die absolute Wahrscheinlichkeit jeder einzelnen

---

* Der englische Begriff wird auch im Deutschen als Fachterminus für eine spezielle statistische Funktion bzw. ihr Ergebnis verwendet, das Verfahren wird Maximum-Likelihood-Methode genannt; ermittelt wird die Plausibilität eines bestimmten Ergebnisses. Versuche, für ›likelihood‹ deutsche Begriffe wie ›Mutmaßlichkeit‹ oder ›Wahrhaftigkeit‹ einzuführen, haben sich bisher nicht durchgesetzt. – *Anm. d. Übers.*

Kombination sinkt, steigt die relative Wahrscheinlichkeit immer weiter, sodass man sehr nahe an ein Ergebnis von 50 % *Zahl* und 50 % *Wappen* kommt. Wenn man die Münze eine Million Mal geworfen hat, ist die Likelihood, von diesem Mittelwert um 10 % abzuweichen, tausendmal geringer als die Wahrscheinlichkeit, dass die Abweichung höchstens 1 % von einer 50-50-Aufteilung beträgt! Das ist wahr, obwohl die Wahrscheinlichkeit, exakt 500 000-mal *Zahl* und 500 000-mal *Wappen* zu erhalten, geringer als 1 zu 1000 ist.

Ich kann jedes einzelne Erscheinen von *Zahl* und *Wappen* notieren, das sich ergeben kann, wenn ich die Münze eine Million Mal werfe. Es ist leicht, die Wahrscheinlichkeit zu berechnen, mit der die betreffende Anordnung (sagen wir, *ZZWZWWWZWZW…*) auftritt, denn es gibt nur eine Weise, wie sie auftreten kann. Da bei jedem Wurf die Wahrscheinlichkeit für *Zahl*, sagen wir, 0,5 beträgt (also 50 %), beträgt die Wahrscheinlichkeit, die fragliche Anordnung zu erhalten, $0,5 \times 0,5 \times 0,5 \times … = 0,5^{1\,000\,000}$, was natürlich eine sehr kleine Zahl ist.

Da also jede einzelne Anordnung – sogar eine Million Mal *W* – genau dieselbe Wahrscheinlichkeit wie jede andere einzelne Anordnung hat, wieso erwarten wir dann nie, am Ende von einer Million Würfen eine Million *Wappen* zu haben? Nun, weil es sehr viele verschiedene Anordnungen gibt, in denen 500 000-mal *Z* und 500 000-mal *W* vorkommen, aber es gibt nur eine einzige, die aus einer Million *W*'s besteht. So einfach ist das.

Die Maximum-Likelihood-Methode macht in diesem Fall die Charakteristika jener Arten von Anordnungen mit der maximalen Likelihood ausfindig, indem sie relative Wahrscheinlichkeiten vergleicht und sich nicht um absolute kümmert und indem sie dabei berücksichtigt, dass jede bestimmte einzelne Anordnung äußerst selten sein kann. In diesem Fall würde uns die Methode sagen, dass eine Anordnung, die ungefähr 500 000-mal *Zahl* enthält, am wahrscheinlichsten ist und diese Gruppe von Anordnungen mit höherer Wahrscheinlichkeit als andere zu beobachten sein wird, obwohl die Wahrscheinlichkeit für jede einzelne Anordnung in der Gruppe äußerst gering ist.

Was bedeutet das alles nun in Bezug auf die Möglichkeit außerirdischen Lebens? Nun, es könnte wichtig sein, nicht die absolute Wahrscheinlichkeit jeder einzelnen Abfolge von Ereignissen zu betrachten, die zu intelligentem Leben führt, sondern eher die relative Wahrscheinlichkeit, dass solch eine Abfolge auftritt, im Vergleich zur Wahrscheinlichkeit einer Folge, die *nicht* zum Leben führt. Wichtig ist die relative Wahrscheinlichkeit. Wenn wir im letzten Jahrzehnt etwas gelernt haben, dann, dass das Leben robuster ist, als alle geglaubt haben. Ich neige nun eher zu folgender Annahme: Wenn man organisches Material zusammen mit etwas Wärme, Licht und Wasser hat, wird es für das Leben schwer, *nicht* zu entstehen, auch wenn die Wahrscheinlichkeit seiner Entstehung nach jeder einzelnen Abfolge von Ereignissen gering ist. Statt zu überlegen, mit welcher Wahrscheinlichkeit auf einem anderen Planeten erdähnliche Bedingungen bestehen könnten, sollte man vielleicht lieber fragen: »Wie hoch ist die Wahrscheinlichkeit, dass organisches Material auf einem gegebenen Planeten im Laufe von etlichen Milliarden Jahren *auf keinem Weg* sich selbst reproduzierende Systeme hervorbringt?«

Ich wiederhole, dass ich keine Ahnung habe, wie die Antwort auf dieses Frage lautet, und betone, dass die Antwort außerhalb meines Fachgebiets liegt. Doch mir scheint, dass es wie in dem obigen Beispiel mit den Münzen viel mehr Wege geben kann, die zur Evolution von Leben führen, als Wege, aus denen folgt, dass ein gegebenes Sonnensystem ohne Leben ist.

Wenn man erst einmal in solchen Begriffen denkt, kann es verfehlt sein, sich auf die bemerkenswert glückliche Serie von Umständen zu konzentrieren, die auf der Erde zur Evolution intelligenten Lebens geführt haben. Wenn die Wahrscheinlichkeit, dass sich in einem System irgendeine Art Leben herausbildet, größer ist als die Wahrscheinlichkeit, dass überhaupt kein Leben entsteht, dann – so unwahrscheinlich die einzelnen zu Leben führenden Ereignisfolgen auch sein mögen – können wir mehr oder weniger sicher sein, dass in den meisten Fällen irgendeine von diesen Ereignisfolgen eintreten wird.

Ich will damit nicht sagen, die Drake-Gleichung sei in sich fehlerhaft – das ist sie nicht – oder sie müsse aus grundsätzlichen Erwägungen durch die Krauss-Gleichung ersetzt werden, obwohl das nicht übel klingt. Wenn wir alle abhängigen Faktoren kennen würden, die zu irgendeiner Art Leben führen, könnten wir die Wahrscheinlichkeiten exakt festhalten und so die Anzahl der Zivilisationen genau bestimmen. Und vielleicht werden wir eines Tages dazu imstande sein, denn die Evolutionsbiologie entwickelt sich selbst sprunghaft. Bevor wir über solches Wissen verfügen, vermittelt uns der Vergleich relativer Wahrscheinlichkeiten vielleicht ein besseres Verständnis.

Schließlich gibt es einen übergeordneten Faktor, der darauf hinweist, dass die Bildung von Leben – sogar intelligentem – anderswo möglich oder sogar häufig sein kann. Es ist die Tatsache, dass wir existieren. Diese unzweifelhafte Tatsache zeigt, dass intelligentes Leben zumindest unter einem Teilensemble von Bedingungen entstehen kann, von denen wir wissen, dass sie in der Galaxis vorkommen. Zudem macht die Naturgeschichte der Erde deutlich, dass Leben nicht nur äußerst robust ist und sogar Massenvernichtungen überstehen kann, sondern auch, dass die Evolutionswege, die zu verschiedenen komplexen Organismen führen, zahlreich sind. In dieser Hinsicht sollte man mit Vorsicht zur Kenntnis nehmen, dass sich, wie uns die Naturgeschichte sagt, Leben zwar ziemlich rasch auf der Erde gebildet hat, es aber nahezu vier Milliarden Jahre dauerte, bis *intelligentes* Leben entstand, und auch das nur durch eine Folge von historischen Zufällen. Das kann durchaus bedeuten, dass Leben häufig ist, Intelligenz aber nicht. Andererseits kann derselben Argumentation wie oben zufolge intelligentes Leben das Ergebnis vieler verschiedener historischer Entwicklungsrouten sein – und diejenige, die uns hervorgebracht hat, nur eine von vielen. Das ist eben schwer zu sagen, wenn die Probe aus einem einzigen Exemplar besteht!

Da unsere Sonne ein ziemlich gewöhnlicher Stern an einem nicht weiter bemerkenswerten Ort in der Galaxis ist und da die Natur sich so oft wiederholt, wie die Gesetze der Physik und Chemie es erlauben, fände ich es im allgemeinen sonderbar, wenn das Leben in der Galaxis nicht weit verbreitet wäre. Es ist nur eine Frage der Zeit – allerdings vielleicht in kosmischen Zeiträumen – und keine prinzipielle, glaube ich, dass wir eines Tages unsere galaktischen Vettern entdecken. Ich will sogar weiter gehen und sagen, ich erwarte, dass man im 21. Jahrhundert irgendwo in unserem Sonnensystem mikroskopische Lebensformen finden wird. (Ob sich zeigen wird, dass sie einen gemeinsamen Ursprung mit dem Leben auf der Erde haben, ist eine offene Frage.) Die Entdeckung außerirdischer Intelligenz liegt jedoch zweifellos viel weiter in der Zukunft, einfach weil es fast unmöglich ist, eine Reise zu den Sternen zu machen, und auch wegen der Schwierigkeit, über den Abgrund des Raums hinweg Botschaften auszutauschen, wenn es keine vereinbarten Formen der Kommunikation gibt.

Betrachten Sie es auf diese Weise: Auch ohne Boote, mit denen man über den Atlantik oder den Pazifik reisen kann, ist es möglich, an Zivilisationen auf der anderen Seite der Welt Botschaften oder zumindest Grüße zu schicken. Flaschenpost ist beispielsweise Tausende von Kilometern vom Ursprungsort gefunden worden. Doch ungefähr so lange, wie die europäische Zivilisation brauchte, sich bis zu der Durchführbarkeit transatlantischer Reisen zu entwickeln, gab es überhaupt keine Kenntnis von den Zivilisationen in der Neuen Welt.

Doch anders als die ersten Atlantikfahrer, die ausliefen, um bei der Rückkehr Reichtümer in ihre Heimatländer mitzubringen, werden die ersten interstellaren Reisenden der Erde wahrscheinlich nicht vorhaben zurückzukehren. Wie so mancher Flüchtling werden wir in die Galaxis hinausfliegen, weil uns keine andere Wahl bleibt. Die Gesetze der Physik, nicht die Menschengesetze, werden uns zwingen, die Erde zu verlassen.

ACHT

Das Restaurant am Ende des Universums

Die Wahl lautet:
das Universum... oder nichts.

H. G. Wells

Obwohl die Jahrtausendwende vorüber ist, ist es an der Zeit, das Unvermeidliche zu verkünden: Die Welt wird tatsächlich untergehen. Wann und, was vielleicht wichtiger ist, wie – das ist weitaus weniger klar.

Alles in allem glaube ich, dass der Jüngste Tag eine schlechte Presse hat. Ich will hier zu bedenken geben, dass er der Menschheit große Aussichten eröffnet. Mit der typischen astronomischen Präzision können wir eine Obergrenze für die menschliche Existenz auf der Erde festmachen, die in etwa fünf Milliarden Jahren liegt, plus minus eine halbe Milliarde. Sie haben also noch Zeit, Ihren Makler anzurufen und Ihre Aktien zu verkaufen. Doch in der Sprache der Mathematiker ist das Erreichen dieser Obergrenze ein hinreichende, aber keine notwendige Bedingung für unser Ableben. Wir könnten ohne weiteres lange vorher untergehen – in einem globalen Armageddon oder wegen eines neuen wirksamen Virus oder in einer astronomischen Katastrophe, wie es der Einschlag eines großen Himmelskörpers ist. Und natürlich können Aliens auf den Gedanken kommen, uns auszulöschen.

Als die Aliens in *Independence Day* mit ihrem Wüten begannen, hatten sie ein klares Ziel – die Ressourcen der Erde auszubeuten, ehe sie sie auf den Müllhaufen werfen würden. Vergleichen Sie das mit einer meiner liebsten Weltuntergangsmaschinen (neben Stanley Kubricks verrückter Schöpfung in *Dr. Strangelove*), dem Neutronium-Planetenkiller in der *Star Trek*-Episode ›Planeten-Killer‹ der Classic-Serie. Diese Maschine vernichtete die Zivilisation, von der sie gebaut worden war, und als da nichts mehr zu zerstören war, wanderte sie durch die Galaxis und räumte jeden Planeten ab, den sie fand. Ich bin von dieser Idee besonders beeindruckt, weil die Zerstörung so völlig zweckfrei ist; ich rechne vollständig damit, dass auch das Ende unseres Planeten so sein wird.

Jetzt eine schwierige Frage: Wenn ich die Kernreaktionen abschalten würde, die die Sonnenenergie liefern (wie es beispielsweise einem unglücklichen Stern in *Star Trek VII: Treffen der Generationen* widerfuhr), wie lange würde es dann dauern, bis die Sonne zu scheinen aufhört? Die richtige Antwort ist überraschend. Im 19. Jahrhundert haben zwei Giganten der Theoretischen Physik, Lord Kelvin in England und Heinrich Helmholtz in Deutschland, jeder für sich versucht, die Antwort zu ermitteln. Ihre Frage war äquivalent, wenn auch etwas anders, da keiner der beiden etwas von den Kernreaktionen wusste, die die Sonne mit Energie versorgen. Kelvin und Helmholtz nahmen beide an, die Energiequelle der Sonne sei deren fortdauernder Gravitationskollaps und dass sie, indem sie Wärme abstrahlt, allmählich schrumpft und sich abkühlt. Wenn die Masse der Sonne ihre Energiequelle war, so wollten sie wissen, wie lange nach ihrer Entstehung die Sonne leuchten würde. Die Antwort, die sie fanden, lautete zwischen dreißig und hundert Millionen Jahren.

Das war ein wahrlich erstaunliches Ergebnis, glaube ich. Es bedeutet, dass, wenn wir heute die Sonne abschalten würden, sie mindestens dreißig Millionen Jahre weiterleuchten würde, allein vom Gravitationskollaps gespeist, ehe sie wie Asche ausglimmen würde! (Das plötzliche Erlöschen in *Treffen der Generationen* hätte sich nie ereignet, doch die Wirklichkeit wäre viel zu langweilig gewesen, um selbst ein Publikum von enthusiastischen *Star Trek*-Fans zu interessieren.) Dreißig Millionen Jahre oder so können als ziemlich lange Zeit erscheinen, doch sie brachten Kelvin und Helmholtz in die Bredouille. Da sie nichts von einer inneren Energiequelle wussten, schlussfolgerten sie, die Sonne könnte, da sie noch scheint, höchstens hundert Millionen Jahre alt sein. Das Problem dabei war, dass man schon zu Zeiten von Kelvin und Helmholtz aus Fossilbelegen wusste, dass die Erde viel älter als hundert Millionen Jahre ist.

Kreatianisten lieben es, wenn nüchterne wissenschaftliche Erwägungen zu einem kosmischen Paradoxon führen. Was solche Paradoxa aber wirklich liefern, ist Gelegenheit zu neuen Entdeckungen. Die Tatsache, dass die Sonne mindestens so alt wie die Erde sein muss, wies darauf hin, dass sie über einen inneren Energiemechanismus verfügen muss. Weniger als fünfzig Jahre nach der Schätzung von Kelvin und Helmholtz wurde im Labor die natürliche Radioaktivität entdeckt, und weniger als fünfzig Jahre *danach* war die Kernkraft gebändigt. 1938 zeigte schließlich der große Theoretische Physiker Hans Bethe, der noch heute lebt und arbeitet, dass Kernreaktionen die Sonnenenergie liefern – eine theoretische Entdeckung, für die er später den Nobelpreis erhielt.

Übrigens, für jene unter Ihnen, die gern mit Kreatianisten debattieren, welche glauben, unser Sonnensystem sei nur fünf- bis siebentausend Jahre alt, habe ich gute Munition zu bieten. Was meinen Sie, wie lange die Strahlung, die tief im Kern der Sonne erzeugt wird, braucht, um an die Sonnenoberfläche zu gelangen? Wieder ist die Antwort überraschend: Es dauert fast zehntausend Jahre! Der Grund ist einfach. Die Sonne ist sehr groß: Ihr Radius beträgt rund 696 000 Kilometer, und ein in ihrem Inneren emittiertes Stahlungsquant legt im Durchschnitt einen Zentimeter zurück, bis es irgendwo auftrifft und in eine andere Richtung gestreut wird. Das zufällige Hin und Her dauert (wiederum im Durchschnitt) rund 10 000 Jahre, bis es an die Oberfläche führt. Wenn die Sonne nur 5 000 Jahre alt wäre, hätte sie also noch nicht zu scheinen begonnen – zumindest nicht annähernd mit ihrer gegenwärtigen Helligkeit!

Es sind diese beiden Faktoren – der zufällige Weg der Strahlung und der Widerstreit zwischen gravitationsbedingtem Schrumpfen und nuklearem Brand –, die festlegen, wie schnell die Sonne ihren Kernbrennstoff verbrauchen wird. Und es ist diese Rate des Kernbrandes, die die Grenze für das Leben auf der Erde setzt.

Seit der Entstehung des Sonnensystems vor rund 4,5 Milliarden Jahren ist die Erde die Sklavin der Sonne. Jeder Prozess, jedes wichtige Ereignis in unserer irdischen Geschichte hing von unserem nächsten kosmischen stellaren Begleiter ab. Die durchschnittliche Energie, die die Erde jeden Tag von der Sonne empfängt, ist gewaltig – ungefähr 1350 Watt pro Quadratmeter. Tag für Tag überflutet die Sonne seit 4,5 Milliarden Jahren die Erde mit nahezu 170 Millionen Milliarden Watt an Strahlung. Diese Sonnenstrahlung ermöglicht das Leben auf der Erde, doch sie fordert ihren Tribut von der Sonne.

Die knapp 400 Millionen Milliarden Milliarden Watt, die die Sonne seit ihrer Entstehung verströmt hat, entspringen, wie wir gesehen haben, nicht direkt der Energie, die von kollabierendem Staub und Gas freigesetzt wird. Vielmehr werden unablässig (und, wenn man es Atom für Atom betrachtet, langsam) in jeder Sekunde mehr als 10^{38} Wasserstoffkerne im Sonneninneren in Kerne des nächst schwereren Elements, Helium, umgewandelt – genug Kernreaktionen, dass es pro Sekunde fast für eine Million 10-Megatonnen-Wasserstoffbomben reichen würde. Der unglaubliche Druck, den diese Reaktionen erzeugen, ist groß genug, um der Schwerkraft entgegenzuwirken, die sonst die Sonne in sich zusammenstürzen ließe.

Im Ergebnis dieses Kernbrandes wandelt sich die Zusammensetzung des Sonnenkerns unausweichlich von größtenteils Wasserstoff zu größtenteils Helium. Mit den relativen Häufigkeiten ändert sich auch die ganze Struktur der Sonne. Im Laufe eines Menschenlebens ist diese Veränderung nicht zu bemerken (manche Veränderungen wie der Sonnenflecken-Zyklus aber doch, für dessen Periodizität von 13 Jahren es noch keine überzeugende Erklärung gibt). In kosmischen Zeiträumen hat sich aber die Struktur der Sonne erheblich verändert. Seit das Leben auf der Erde entstand, ist die Leuchtstärke der Sonne beispielsweise um fast 25 % gestiegen. Und so wird die Sonne irgendwann einmal nicht mehr genug Wasserstoff zum Verbrennen haben. Obwohl die im Sonneninnern stattfindenden Reaktionen sehr komplex sind, kann man ziemlich direkt ausrechnen, wann der Wasserstoff verbraucht sein wird: Man dividiert einfach die Gesamtenergie, die die Sonne pro Sekunde erzeugt, durch die Energie, die jedesmal freigesetzt wird, wenn vier Wasserstoffkerne zu einem Heliumkern verschmelzen, und erhält so die Anzahl der Wasserstoffkerne, die pro Sekunde verbraucht werden; das setzt man dann in Beziehung zu der Wasserstoffmenge, die im Kern der Sonne noch enthalten ist. So kommt man auf ungefähr fünf Milliarden Jahre.

Doch anders als viele größere Sterne wird die Sonne ihr Leben nicht mit einen Knall, sondern mit einem Wimmern beenden. Wenn der Vorrat an Wasserstoff verbraucht ist, hat die Sonne immer noch etwas zu verbrennen. Helium selbst kann bei einer viel höheren Temperatur eine Kernfusion eingehen und noch schwerere Elemente wie Bor, Kohlenstoff, Sauerstoff und Stickstoff bilden. Wie erreicht nun der Kern der Sonne – jener Bereich, in dem der Nuklearbrand stattfindet – die höheren Temperaturen, bei denen Helium nuklear verbrennen kann? Ganz einfach: Der Kern zieht sich unter der Schwerkraft der Sonne selbst zusammen und Temperatur und Druck des Gases im Innern steigen entsprechend an, bis die Temperatur für den Heliumbrand erreicht ist.

Nun sieht der übrige Teil der Sonne aber nicht ruhig zu, während im Kern all diese Aufregung herrscht. Während der letzten Stadien des Wasserstoffbrandes, da sich der Kern zusammenzuziehen beginnt, blähen sich die äußeren Schichten der Sonne infolge der stärkeren Erwärmung vom Kern her auf. Die Größe der Sonne wird um ein Vielfaches zunehmen, sie wird sich in einen so genannten Roten Riesen verwandeln. Dies ist zwar nur eine der Verwandlungen, die die Sonne im Laufe ihrer Existenz durchmacht, doch eine für die Erde besonders bedeutsame, denn die Oberfläche der Sonne wird sich weit genug aufblähen, um die Erdumlaufbahn einzuschließen. Damit wird unser winziges Staubkörnchen im Sonnensystem aufhören zu existieren.

Es mag phantastisch klingen, dass sich die Sonne so stark aufbläht, also lassen Sie mich Ihnen etwas noch Phantastischeres sagen. Der größte bekannte Stern ist My Cephei mit einem Radius von elf Astronomischen Einheiten. Eine Astronomische Einheit ist die Entfernung zwischen Erde und Sonne, 149 Millionen Kilometer, sodass dieser Stern unser Sonnensystem bis zum Saturn ausfüllen würde. Ich finde, das ist bemerkenswerter Stoff zum Nachsinnen.

Die Sonne wird, nachdem sie die Erde verschluckt hat, ihre Entwicklung fortsetzen; nach und nach wird Helium verbrennen und Kohlenstoff bilden, aus dem Kohlenstoff wird Sauerstoff entstehen, und so weiter, bis die Kernfusion beim Eisen ankommt. Damit hört der Nuklearbrand auf, denn Eisen, der am festesten gebundene Kern, den es gibt, kann nicht unter Freisetzung von Energie zu einem schwereren Kern fusionieren. Damit wird der Kampf der Kernkraft gegen die Gravitation verloren sein, die Sonne wird in sich zusammenstürzen und zu einem so genannten Weißen Zwerg werden, der langsam seine gespeicherte Energie abstrahlt. Schließlich wird sie wie glühende Asche erlöschen und sich der Schwärze des umgebenden Raumes zugesellen. Was von der Erde übrig ist, wird mit dem Stern verschmolzen sein; wie ein Mitglied des Borg-Kollektivs wird die Erde ihre Identität völlig verloren haben.

Die letzte Kalamität liegt freilich in derart ferner Zukunft, dass sie für uns ziemlich gleichgültig ist, für unsere Kinder, unsere Kindeskinder und deren Kinder... und so weiter. Doch selbst wenn wir das Glück haben, alle anderen Herausforderungen an unseren Fortbestand zu überleben, sind die Tage unserer biologischen Art gezählt.

Das heißt natürlich: Wenn wir auf der Erde bleiben – ein großes WENN. Ich nehme an, dass wir uns, lange bevor die Sonne sich aufbläht, entschlossen haben werden, die Erde zu verlassen, falls unsere Art lange genug ausharrt, um die Mittel zu entwickeln, die dafür nötig sind – ein weiteres großes WENN. Seit der rasch zunehmenden Artenbildung am Beginn des Kambriums vor etwa 540 Millionen Jahren hat es fünf Massenvernichtungen gegeben, bei denen ein erheblicher Teil der zur betreffenden Zeit lebenden Arten verschwand. Das größte Massensterben ereignete sich am Ende des Perms vor etwa 250 Millionen Jahren, als bis zu 96 Prozent aller Arten auf dem Planeten ausstarben. Das berühmteste Massensterben ist zweifellos das, bei dem die Saurier umkamen, an der Grenze zwischen Kreidezeit und Tertiär vor 65 Millionen Jahren. Es gibt starke Indizien, dass dieses Massensterben auf den Zusammenstoß der Erde mit einem anderen Himmelskörper folgte, wahrscheinlich mit einem Planetoiden oder Kometen.

Um jene Massensterben zu erklären, haben Biologen, Geologen und Physiker alle möglichen Ursachen untersucht, und es werden immerzu neue Kandidaten entdeckt. Die Liste glaubhafter möglicher Gefahren für die Erde wird allmählich so lang, dass man sich fragt, wie wir es geschafft haben, bisher zu überleben. Wie könnte unser Dasein enden? Lassen Sie mich die Möglichkeiten aufzählen:

1. Menschliche Dummheit: Das ist die unmittelbarste Gefahr, wenngleich nicht unbedingt eine globale. Damit meine ich, dass sogar im Falle eines thermonuklearen Schlagabtauschs einige Menschen (und viele andere Arten) überleben könnten. Die Bedingungen, unter denen die unglücklichen Überlebenden ihr Dasein fristen, werden hässlich sein, aber so ist das Leben. Eine tödlichere Bedrohung geht, wie ich glaube, nicht von einem Weltkrieg aus, sondern von weltweiter Selbstzufriedenheit. Wir sind gegenwärtig dabei, unser Wasser zu verschmutzen, unsere Atmosphäre mit Treibhausgasen anzufüllen, uns ohne Rücksicht auf die Ressourcen der Erde zu vermehren, und so weiter. Die Veränderungen, die wir hervorrufen, erscheinen uns langsam, doch wenn man alles zusammenzählt, sind wir mitten im größten Massensterben der Erdgeschichte; an die 30 000 Arten sterben jedes Jahr aus. Wir gehen gründlicher vor als jede Naturkatastrophe, die sich seit dem Kambrium ereignet hat. Wir werden unsere eigene Art mit dieser globalen Selbstzufriedenheit wahrscheinlich nicht völlig ausrotten, doch wir können das Leben auf der Erde derart unangenehm machen, dass es besser sein könnte auszuwandern.

2. Einschlag eines Himmelskörpers: Wie schon gesagt, ist der Aufschlag eines großen Planetoiden oder Kometen auf der Erde die derzeit beste Erklärung für das Kreide-Tertiär-Massensterben. Vergleichbare Einschläge sind zwar selten, sie kommen im Durchschnitt vielleicht alle hundert Millionen Jahre vor, doch sie sind auch unvermeidlich. Wir würden die Annäherung eines solchen Objekts wahrscheinlich Monate oder Jahre früher bemerken; bis dahin könnten wir über die technischen Möglichkeiten verfügen, den Eindringling vor dem Zusammenstoß zu zerstören. Wenn nicht, könnte die Erde für Menschen praktisch unbewohnbar werden.

3. Supernovae: Wenn ein Stern von zehnfacher Sonnenmasse das Endstadium des Kernbrandes erreicht und einen Eisenkern bildet, wird nahe beim Mittelpunkt der Gravitationsdruck derart groß, dass das Innere der Sterns in wenigen Sekunden in sich zusammenstürzt und ein unglaublich dichtes Objekt bildet, einen Neutronenstern. Dabei wird die Außenhülle des Sterns abgestoßen, sodass sich eins der spektakulärsten Feuerwerke im Weltall ergibt. Die Helligkeit einer Supernova kann einige Tage lang die einer ganzen Galaxis übersteigen. Man glaubt, dass es in der Milchstraße zwei bis drei solche Explosionen pro Jahrhundert gibt. Der Grund, warum wir sie meistens nicht sehen, ist, dass trotz ihrer durchdringenden Helligkeit der Staub in unserer Galaxis das visuelle Signal verdeckt. Die letzte Supernova, die in unserer Galaxis registriert wurde, hat 1604 der große Johannes Kepler beobachtet. Nun, unsere Sonne bewegt sich mit etwa 200 km pro Sekunde durch die äußeren Bereiche der Galaxis – schnell genug, um alle 200 Millionen Jahre einen Umlauf zu vollenden. In dieser Zeit wechseln unsere stellaren Nachbarn. Wenn wir im Laufe unserer Reise um den Mittelpunkt der Galaxis innerhalb von ein paar Dutzend Lichtjahren in die Nähe eines explodierenden Sterns kommen sollten, könnte das Ergebnis traumatisch sein – milde ausgedrückt: Die Erde könnte aus ihrer Umlaufbahn gestoßen oder gar verdampft werden. Warnungen vor einer drohenden Supernova in der Nachbarschaft sind vielleicht möglich, je nachdem, wie die Beobachtungstechnik unserer Zivilisation zu jener Zeit entwickelt ist – es ist jedoch schwer vorstellbar, was wir tun könnten, um uns vor den Folgen zu schützen.

4. Kollision von Neutronensternen: Neutronensterne, die bei der Bildung einer Supernova entstanden sind, kommen manchmal in Doppelsystemen vor, entweder mit einem anderen Neutronenstern oder mit einem Stern, der noch dabei ist, seinen nuklearen Brennstoff zu verbrauchen. Manchmal – vielleicht alle 100 000 bis 1 000 000 Jahre in einer Galaxis – verlieren diese beiden Partner Energie, ihre Bahnen nähern sich spiralförmig an und stoßen in einem gewaltigen Feuerball zusammen. Das mag so selten erscheinen, dass es nicht von Belang ist. Im Laufe der letzten Jahrzehnte haben jedoch Satelliten, die eigentlich im Kalten Krieg der Überwachung möglicher Kernwaffentests dienen sollten, den Himmel nach Röntgenstrahlen und Gammastrahlen (die noch energiereicher sind) abgesucht. Die Ergebnisse waren überraschend. Kurze Ausbrüche von Gammastrahlung mit sehr hoher Energie, die von ein paar Sekunden bis zu etlichen Tagen dauerten, sind überall am Himmel entdeckt worden. Wegen ihrer gleichmäßigen Verteilung vermuten die Astronomen, dass sich diese Kollisionen in kosmischen Entfernungen abgespielt haben, also nicht an unsere Galaxis gebunden sind. Die Energie, die sie freisetzen, ist gigantisch. Die Hypothese, dass sie in die kosmische Kategorie gehören, wurde 1997 bestätigt, als Astronomen am Caltech während eines Ausbruchs von Gammastrahlung ein sichtbares Gegenstück dazu beobachteten und feststellten, dass dieses Objekt rund zwei Milliarden Lichtjahre von uns entfernt ist. Die beste derzeit verfügbare Erklärung für dieses Phänomen geht von kollabierenden Neutronen-Doppelsternsystemen aus. Es hat neuerdings den Anschein, dass jedesmal, wenn eine neue Klasse energiereicher astrophysikalischer Objekte entdeckt wird, jemand über eine mögliche Verbindung zu Fällen von Massensterben auf der Erde spekuliert. Eine solche Gruppe hat Folgendes errechnet: Wenn ein Neutronen-Doppelsternsystem in unserem Teil der Galaxis kollabiert (vielleicht einmal in ein paar hundert Millionen Jahren), würde die dabei freigesetzte hochenergetische kosmische Strahlung dem größten Teil der Menschheit eine tödliche Strahlendosis bescheren.

5. Alter: Wenn man schließlich jede extreme Katastrophe vom Typ der oben erwähnten ausschließt, kann die Erde unbewohnbar werden, indem sie sich einfach auf ihre ruhige Art weiterentwickelt. Beispielsweise wird das Magnetfeld, das den Planeten umgibt, auf ihren flüssigen Eisenkern zurückgeführt. Dieses Magnetfeld lenkt die meisten potenziell schädlichen kosmischen Strahlen ab. Wenn sich die Erde abkühlt, wird sich ihr Kern mit abkühlen. Wenn er erst einmal fest geworden ist, werden die geladenen Strömungen verschwinden, die jetzt fließen und das Magnetfeld erzeugen. Ob das länger dauern wird als die fünf Milliarden Jahre, die uns auf der Erde bleiben, ist noch nicht klar.

Und wir wollen unseren Freund, den Mond, nicht vergessen. Wie ich in Kapitel 1 angemerkt habe, bremsen die Gezeitenkräfte ganz allmählich die Erdumdrehung ab. Im Laufe von Jahrmilliarden wird der Erdentag immer länger werden, bis er mit der Umlaufzeit des Mondes übereinstimmt. Das Klima auf der Erde wird höheres Leben unmöglich machen, lange bevor dieser Synchronismus erreicht ist.

Nun, wenn man gehen muss, muss man gehen. Wenn die Menschheit diese kosmischen Katastrophen überleben soll, müssen wir zu einer anderen Welt in unserem Kosmos aufbrechen oder unsere eigene bauen und damit herumreisen. Wie ich hoffentlich deutlich gemacht habe, betrafen fast alle Hindernisse, die interstellaren Reisen im Wege stehen, Flüge hin und zurück im Zeitraum weniger Generationen. Wenn wir erst einmal beschließen, die Erde für immer zu verlassen, ändern sich die Anforderungen erheblich. Die Geschwindigkeit ist beispielsweise kein Problem. Wenn wir kein spezielles Ziel haben, spielt es keine Rolle, wie lange wir unterwegs sind. Was wir brauchen werden, ist eine sich selbst versorgende Umgebung, die groß genug ist, um durch Rotation künstliche Schwerkraft zu erzeugen und uns vor schädlichen kosmischen Strahlen abzuschirmen (oder stark genug, um ein Magnetfeld zu erzeugen, das sie ablenkt). Das sind keine geringen Anforderungen, doch ich halte für möglich, dass mit ein paar Millionen Jahren Vorbereitungszeit selbst Wesen mit notorisch kurzer Voraussicht wie die Menschen der Aufgabe gewachsen sein sollten.

Was mich wieder zu *Independence Day* bringt. Vielleicht sind Schiffe von 25 km Durchmesser nicht geeignet, um damit in der Atmosphäre herumzubrettern. Doch ebenso, wie der Planet Erde ein sich selbst versorgendes Raumschiff auf seiner Reise um die Sonne darstellt, die ihrerseits in 200 Millionen Jahren die Galaxis umrundet, werden die von Menschen gemachten Raumschiffe der Zukunft, in denen wir uns aus dem Sonnensystem hinaus wagen werden, vielleicht ebenfalls gigantische Systeme sein, geschaffen, nicht eine Generation zu beherbergen, sondern tausende. Und ich vertraue darauf: Wenn unsere

Raumschiffe über die Weiten des kosmischen Ozeans hinweg einen sicheren Hafen erreichen sollten, werden wir uns großzügiger zeigen als die Besucher in *Independence Day*.

Es ist jedoch ebenso wahrscheinlich – oder vielleicht wahrscheinlicher –, dass die notwendigen Ressourcen und die organisatorischen und logistischen Fertigkeiten, damit alle Menschen die Erde verlassen können, außerhalb unserer Reichweite bleiben werden. Werden also alle Zeugnisse unserer Existenz mit uns und unserer Sonne untergehen? Nicht unbedingt. Ein großer Komet oder eine astrophysikalische Schockwelle, die die Erde treffen, würden nicht nur unabsehbaren Schaden anrichten, sondern auch ein gutes Stück Materie in den Raum schleudern. Darunter wären zweifellos auch die organischen Materialien, die die Baupläne unserer Existenz bilden. Ebenso, wie die organische Basis unserer DNS vielleicht von interstellarer Verschmutzung stammt, werden wir vielleicht eines Tages unser organisches Material dem Weltall vererben.

Eine der bemerkenswertesten astrophysikalischen Tatsachen, die ich kenne, ist, dass im Grunde jedes Atom unseres Körpers sich einmal in einem explodierenden Stern befunden hat. Der Kohlenstoff, von dem unsere Körper durchsetzt sind, der Sauerstoff und der Stickstoff, die wir atmen, waren nicht vorhanden, als die Materie entstand. Diese Elemente wurden in den nuklearen Brennöfen von Sternen gebildet. Damit wir existieren können, mussten Generationen von masseschweren Sternen leben und sterben. Während der feurigen Supernovae, die den Tod solcher Objekte bedeuteten, wurden all die schweren Elemente, aus denen alles besteht, was wir ringsum sehen, ins kosmische Nichts ausgespien. Schließlich vermischte sich einiges von diesem Material mit der sich zusammenballenden Wolke aus Wasserstoffgas und Staub, die unser Sonnensystem bilden sollte. So manche Lebensform mag in jenen Explosionen geopfert worden sein, die einen Teil der notwendigen Rohstoffe lieferten, damit wir eines Tages entstehen und gedeihen konnten. Vielleicht können wir diesen Gefallen eines Tages so oder so erwidern.

Madonnas Universum

We are living in a material world,
and I am a material girl.

Madonna

NEUN

Möge die Macht mit dir sein

Man muss diesen Ort lieben.
Jeder Tag ist wie Halloween!

Fox Mulder

Früh im ersten Film der *Star Wars*-Trilogie fordert Obi-Wan Kenobi Luke Skywalker auf, er solle ›die Macht fühlen‹. Wie nicht anders zu erwarten, tut Luke das schließlich, und es ist sehr gut für ihn. Es war auch sehr gut für George Lucas. Eine Milliarde Dollar und über zwei Jahrzehnte später ist die Kraft noch immer mit uns.

Sagen Sie nur, Sie hätten im Leben niemals zum Nachthimmel emporgeblickt und seien nicht angesichts der riesigen Einsamkeit unserer Existenz erschaudert. Oder haben Sie nie bei Einbruch der Dunkelheit in einem Zimmer gesessen, vielleicht in einer entlegenen Hütte im Wald, einen kaum spürbaren kühlen Lufthauch auf der Haut wahrgenommen und den Gedanken gehabt, da könnte ›etwas‹ bei Ihnen im Zimmer sein, das Sie nicht sehen? Was ist es denn, das da in der Nacht poltert?

Ob es nun die dunkle Seite ist oder nicht, es ist etwas besonders Heimeliges an einer unsichtbaren Macht, die das Universum zusammenhält und ihm Bedeutung, Zusammenhang, Rechtfertigung verleiht. Über die Existenz von Aliens nachzudenken, mag die Art sein, wie wir heute die angeborene menschliche Einsamkeit mildern, doch über die Existenz unsichtbarer Mächte nachzudenken, ist nicht neu. Derlei Betrachtungen liegen schließlich den meisten Religionen der Welt zugrunde, deren Jahresgesamteinkommen das von Lucas wie Krümel erscheinen lässt.

In der Tat sind unsichtbare Kräfte nicht nur der Gegenstand von Offenbarungen: Sie sind wirklich überall! Schalten Sie das Radio ein – und plötzlich ist da Musik, von unsichtbaren Funkwellen getragen. Springen Sie in die Luft – und die Gravitationskraft zieht Sie zur Erde zurück. Lösen Sie ein paar Magneten vom Kühlschrank und spüren Sie, wie sie sich gegenseitig abstoßen. Im Grunde gibt es so gut wie keine *sichtbare* Kraft! Ich sage ›so gut wie‹, denn wenn Ihnen ein Klavier auf den Kopf fällt, ist die Quelle der Kraft, die Sie fühlen (bevor Sie nichts mehr fühlen), ausgesprochen sichtbar! Oder? Was ist an dem Klavier, das es ›materiell‹ macht? Warum zertrümmert es Ihnen den Schädel?

Man könnte das für eine dumme Frage halten; was könnte schließlich solider sein als Holz, Elfenbein, Metall, all die Dinge, aus denen ein Klavier hergestellt wird? Nun, auf dem fundamentalen Niveau besteht ein Klavier aus Milliarden und Abermilliarden von Atomen. Man kann daher zu der plausiblen Annahme kommen, dass die Atome in dem Klavier gegen die Atome Ihres Kopfes knallen und dass es die vielfachen Zusammenstöße sind, die jene Zusammenballungen von Atomen zerbrechen lassen.

Doch nichts könnte weiter von der Wahrheit entfernt sein. Kein Teilchen in irgendeinem Atom des Klaviers – kein Proton, Neutron oder auch nur Elektron – kommt nach atomaren Maßstäben jemals einem Teilchen in irgendeinem Atom Ihres Schädels nahe. Das meiste, was wir uns unter ›Materie‹ vorstellen, ist in Wahrheit leerer Raum. Das Gebiet, in dem die Elektronen einen Atomkern umkreisen, ist mehr als zehntausendmal so groß wie der Kern selbst. Es sind die unsichtbaren elektrischen Kräfte, die von dem geladenen Teilchen in den Atomen des Klaviers ausgehen, die die geladenen Teilchen in den Atomen Ihres

Kopfes abstoßen und dafür sorgen, dass sowohl Ihr Kopf als auch das Klavier fest wirken.

Der Physiker Richard Feynman benutzte diese Idee, um die Stärke der elektrischen Kraft ins Verhältnis zur Schwerkraft zu setzen. Ich will sein Beispiel hier wiederholen und es ein wenig abwandeln, sodass wir weiterhin von Ihrem Kopf und dem Klavier sprechen können. Doch statt ein Klavier auf Ihren Kopf fallen zu lassen, wollen wir Ihren Kopf aus, sagen wir, dem hundertsten Stock auf ein Klavier fallen lassen. Nehmen wir an, Sie stehen oben auf dem Empire State Building, welches, wie ich mich aus meiner Jugendzeit zu erinnern glaube, 102 Etagen hat. Und sagen wir, Sie schaffen es, über den hohen Zaun um die Aussichtsplattform zu klettern und im Kopfsprung nach unten zu springen. Im selben Augenblick machen ein paar Transportarbeiter ihre gewerkschaftlich vorgeschriebene Pause während der Mühsal, ein Klavier in die Lobby des Gebäudes zu tragen. Das Klavier ist noch in mehrere Teile zerlegt, die auf Matten auf dem Bürgersteig liegen. Plötzlich schauen die Träger hoch und sehen zu ihrem Entsetzen, wie Sie der Erde entgegenstürzen. Sie landen auf dem eleganten, polierten Holzdeckel des Instruments, der einzeln am Boden liegt.

Nun, sagt Feynman, hat die Schwerkraft Sie über 102 Stockwerke hinweg beschleunigt, doch Sie können Ihren Fall zum Erdmittelpunkt nicht fortsetzen: Die elektrische Kraft – in diesem Fall zwischen den Atomen des Deckels (der seinerseits fest vom Bürgersteig gestützt wird) und in den Atomen Ihres Kopfes – bringt Sie innerhalb des Bruchteils eines Zentimeters abrupt zum Halt! Trotz ihrer spektakulären Wirkungen ist die Gravitation aber die schwächste Naturkraft.

Ein weiteres Beispiel: Nehmen Sie ein einzelnes Elektron, das über eine kleine elektrische Ladung verfügt. Wenn ich ein zweites Elektron in die Nähe bringe, werden die beiden Teilchen von der elektrischen Kraft zwischen ihnen abgestoßen. Im freien Raum, wo dieser Kraft keine anderen Kräfte entgegenwirken, würden sie auseinander fliegen. Nehmen wir nun an, ich wollte das zweite Elektron festhalten, indem ich eine große Masse darauflege, sodass die Anziehungskraft der großen Masse (plus Elektron) gegenüber dem ersten Elektron die elektrische Abstoßung zwischen beiden Elektronen exakt ausgleicht. Wie groß müsste die Masse sein?

Als ich meiner Frau diese Frage stellte, wollte sie wissen, wie weit voneinander die beiden Elektronen entfernt sind, was eine berechtigte Frage ist. In diesem Fall ist es jedoch irrelevant, weil sich sowohl die elektrische Kraft als auch die Gravitationskraft in gleicher Weise mit der Entfernung ändern; wenn sie sich also bei einer bestimmten Entfernung ausgleichen, tun sie es bei allen Entfernungen.

Jedenfalls ist die Antwort durch und durch verblüffend. Wenn man die Stärke der Schwerkraft und der elektrischen Kraft im richtigen Verhältnis ansetzt, erweist sich, dass die Masse, die man auf das zweite Elektron legen muss, um die elektrische Abstoßung auszugleichen, sage und schreibe fünf Milliarden Tonnen beträgt. Das ist nicht nur schwerer als das Empire State Building oder sonst ein Wolkenkratzer von Manhattan, es ist schwerer als sie alle zusammen!

Obwohl ich seit geraumer Zeit mit dem Verhältnis zwischen den Stärken der beiden Kräfte vertraut bin, war ich doch überrascht, als ich dieses Ergebnis erhielt – so sehr, dass ich meine Berechnungen dreimal überprüfen und dann einen Doktoranden, der gerade an meinem Büro vorbeikam, bitten musste, sie zu prüfen, um sicherzustellen, dass ich mich nicht auf dumme Weise verrechnet hatte. Ich hatte mich nicht verrechnet.

Warum, könnten Sie fragen, verwenden wir nicht einfach kleine elektrische Ladungen, um Gebäude oder große fliegende Untertassen schweben zu lassen? Die Antwort lautet, dass diese Objekte von der ganzen Erde angezogen werden. Und da die Erde wirklich massereich ist, ist ihr ›Gewicht‹ an der Erdoberfläche enorm im Vergleich zur Kraft der elektrostatischen Abstoßung zwischen Elektronen, die sich in irgend einer sinnvollen Entfernung voneinander befinden. Auf der Erde sind alle diese Wolkenkratzer extrem schwer, doch im freien Raum sind sie fast gewichtslos. Der Grund, dass alle diese Wolkenkratzer zusammen gebraucht werden, um im freien Raum die elektrische Kraft durch Schwerkraft auszugleichen, ist nicht, dass diese elektrische Abstoßung so groß ist, sondern dass die Anziehungskraft zwischen dem Elektron und allen diesen Objekten so klein ist.

Die Schwerkraft ist derart schwach, dass es fast ein Wunder ist, dass wir sie überhaupt wahrnehmen können. Wir ›fühlen‹ Gravitation, weil die Kraft, mit der jedes einzelne Atom der Erde an jedem einzelnen Atom in meinem Körper zieht, zwar unglaublich klein ist, die Wirkung sich aber summiert, sodass die Anziehungskraft von *allen* Atomen in der Erde auf meinen Körper durchaus spürbar ist (am deutlichsten morgens, wenn der Wecker klingelt). Wir ›fühlen‹ die elektromagnetische Kraft nicht auf diese Weise, weil die negativen Ladungen in unserem Körper von den positiven Ladungen vollständig aufgehoben werden. Wie ich in Kapitel 4 sagte, ist das gut so, sonst würden die elektrischen Kräfte uns explodieren lassen.

So schwach die Gravitation ist, können wir doch noch die Anziehungskraft zwischen Objekten von menschlicher Größenordnung messen. (Die Anziehung zwischen einzelnen Atomen ist so gering, dass keine Hoffnung besteht, sie in absehbarer Zeit direkt zu messen.) Tatsächlich hat, ungefähr hundert Jahre nachdem Newton aufgrund der Planetenbewegung um die Sonne das Gravitationsgesetz fand, sein Landsmann Henry Cavendish eine empfindliche Methode entwickelt, um die Anziehungskraft zwischen Objekten von der Größe von Kanonenkugeln zu messen. Er hängte dazu zwei an einem Balken wie an einer Waage auf und das Ganze an einem Draht. Dann brachte er eine dritte Kanonenkugel nahe an eine der beiden anderen und maß den winzigen Winkel, um den sich dabei die Waage neigte. Auf diese Weise wurde der grundlegende Wert der Gravitationskraft selbst, die so genannte Gravitationskonstante, ermittelt. Vorher konnte man Newtons Gesetz verwenden, um die Gravitationskraft zwischen Planeten und der Sonne oder beispielsweise zwischen Erde und Mond zu berechnen. Die Masse dieser Objekte war jedoch nicht aus anderen Quellen bekannt; so konnte man auf diese Weise nicht feststellen, wie groß die Schwerkraft zwischen Objekten von bekannter Masse ist. Nach Cavendishs Experiment konnte man nicht nur das messen, sondern man konnte die Gravitationskonstante in Newtons Gesetz einsetzen und auf diese Weise die Planeten und die Sonne *wägen*. Die derzeit beste Messung der Sonnenmasse beruht auf dieser Verfahrensweise.

Mit meinem Diskurs über die Schwäche der Gravitation will ich jedoch die Schwerkraft nicht herabsetzen, sondern preisen. Es ist nichts grundlegend Falsches daran, sich das Universum angefüllt mit unsichtbaren Dingen vorzustellen, von denen wir manche nicht unter Kontrolle haben. Das Universum ist *tatsächlich* voller unsichtbarer Dinge, von denen wir manche nicht unter Kontrolle haben! Wir sollten an die Gravitation denken, wenn wir über die Große Frage nachsinnen, die seit Jahrhunderten unsere Phantasie anregt (und einen Großteil der modernen Science Fiction inspiriert hat): Welche unsichtbaren Dinge sind immer noch unsichtbar?

Ganz oben auf der Liste muss bei jedermann ESP stehen (extrasensorial perception bzw. außersinnliche Wahrnehmung). Es ist schwer, ein bedeutendes Werk der Science Fiction oder Fantasy zu nennen, in dem nicht irgendwo ein Element der Telepathie vorkommt. Alle *Star Trek*-Serien hatten beispielsweise ihre Telepathen – Spock, Deanna Troi, ihre Mutter Lwaxana, Kes –, ganz zu schweigen von einer Unmenge telepathischer Aliens auf verschiedenen Planeten. Die Aliens in *Akte X* scannen telepathisch den Geist von Menschen, und sogar die widerwärtigen Wesen in *Independence Day*, deren einziger Lebenszweck es zu sein schien, andere Arten auszurotten, benutzten Telepathie als Waffe.

Wie oft hatten Sie das Gefühl zu wissen, was jemand anders gerade dachte? Indem wir uns daran gewöhnen, Körpersprache und Gesichtsausdrücke zu deuten, können wir manchmal die Reaktionen anderer Menschen vorhersehen oder sogar ergründen, was sie im Schilde führen. Ist es da gar so verrückt, uns vorzustellen, wir könnten einen Schritt weiter gehen und uns ohne Sprache verständigen?

Der Begriff ›außersinnliche Wahrnehmung‹ wurde von dem Forscher Joseph Banks Rhine an der Duke University geprägt, der unter diesem Titel 1934 ein bekanntes Buch schrieb, in dem er überwältigende Beweise für telepathische Kommunikation zu präsentieren behauptete. Seine populären Darlegungen im Verein mit dem Interesse, das ihm der Herausgeber der SF-Zeitschrift *Astounding Science Fiction* entgegenbrachte, gab dem öffentlichen Interesse Nahrung und regte eine Reihe von Science Fiction-Autoren zu ESP-Themen an. Rhine prägte auch den Begriff ›Parapsychologie‹ für die Untersuchung diverser Arten von verwandten Psycho-Phänomenen.*

Leider war die Erfindung dieser beiden handlichen Begriffe wohl Rhines größter Beitrag zur Wissenschaft, da im Grunde alle seine ESP-Ergebnisse, die einer kritischen Überprüfung von außen unterzogen wurden, sich als falsch erwiesen – darunter seine erste Entdeckung, Lady Wonder, das telepathische Pferd. Zwar können die fehlerhaften Experimente eines einzelnen Forschers nicht benutzt werden, um ein ganzes Gebiet zu diskreditieren, doch die folgenden Tatsachen sind unstrittig:

1. In den mehr als sechzig Jahren, seit Rhine seine Thesen veröffentlicht hat, hat es kein einziges definitives Experiment gegeben, das weithin – nämlich von Wissenschaftlern, die selbst nicht unmittelbar an derlei Themen arbeiten – anerkannt wäre und das unzweideutig die behaupteten Phänomene nachgewiesen hätte.

---

* Es gab sogar in Deutschland einen Lehrstuhl für Parapsychologie an der Universität Freiburg (Prof. Hans Bender) – *Anm. d. Hrsg.*

2. Gleichzeitig glaubt eine sehr große Zahl von Menschen, darunter einige, die aktiv auf dem Gebiet arbeiten, dass außersinnliche Wahrnehmung existiert.

Ich weiß Besseres zu tun, als diese Debatte klären zu wollen. Überdies habe ich persönlich nie versucht, eine bestimmte Anordnung von ESP-Experimenten zu bestätigen oder zu entlarven. Ich versuche skeptisch zu sein, und das in Bezug auf alles (ich glaube, es gibt keine andere Methode, um herauszufinden, wie die Welt wirklich funktioniert). Doch ich möchte hier nicht die Qualität der gegenwärtigen Forschungen auf diesem Gebiet direkt in Frage stellen. Vielmehr möchte ich eine Frage aufwerfen, die ich für lehrreicher und noch dazu für unterhaltsamer halte: Was müsste gegeben sein, damit ESP existieren kann?

Ich finde es bedeutsam, dass der ganze Tumult um Telepathie und ESP binnen weniger Jahrzehnte nach der Erfindung des Radios durch Guglielmo Marconi begann – und weniger als ein Jahrzehnt, nachdem es populär geworden war. Nachdem die drahtlose Kommunikation Wirklichkeit geworden war, wurde der Gedanke, irgendwelche unsichtbaren ›Wellen‹ könnten zu direkter nonverbaler Kommunikation zwischen Menschen führen, viel plausibler. Bis dahin hatte die einzige nonverbale Kommunikation, die nicht eine offensichtliche physikalische Verbindung zwischen Sender und Empfänger verwendete, sichtbares Licht erfordert, sodass jeder Gedanke, man könnte unsichtbare Signale erhalten, keinerlei Vorbild hatte. Die Radiowellen füllten die Lücke perfekt.

Es gibt so viele bemerkenswerte Aspekte von Radiowellen (die wie sichtbares Licht elektromagnetische Wellen sind, aber von viel geringerer Frequenz), dass man kaum weiß, wo man anfangen soll, wenn man über sie spricht. Zuerst und vor allem können trotz der Erdkrümmung und trotz der großen Entfernungen Kurzwellen-Radiosignale auf der anderen Seite des Planeten empfangen werden. Zudem kann man Radiowellen, obwohl sie sehr wenig Energie haben, präzise empfangen. Die frappierendste Illustration dieser Empfindlichkeit liefert das wunderbare Arecibo-Radioteleskop auf Puerto Rico. In einem natürlichen, mit tropischer Vegetation bewachsenen Krater errichtet, misst die Antenne von Arecibo dreihundert Meter im Durchmesser; wer den Film *Contact* gesehen hat, wird sie erkannt haben. Sie hat Radiowellen von der Oberfläche der Venus aufgefangen, von rotierenden Neutronensternen in Entfernung von Tausenden von Lichtjahren und von extragalaktischen Objekten, die Hunderte Millionen Lichtjahre entfernt sind. Vor einiger Zeit habe ich die Anlage zusammen mit meiner Frau und unserer Tochter in Begleitung des Vizedirektors besichtigt, und ich erinnere mich, wie ich ein Beispiel zu finden versuchte, um die Empfindlichkeit diesen schönen Instruments zu verdeutlichen. Aufgrund der Empfindlichkeitswerte für das Instrument habe ich errechnet, dass es mühelos eine 25-W-Lampe auf dem Pluto entdecken könnte, wenn die Lampe ihre Energie statt in sichtbarem Licht in einer Radiofrequenz abstrahlen würde, die den Empfängern des Teleskops zugänglich ist.

Nun, wenn wir derart kleine Sender in den äußeren Bereichen des Sonnensystems entdecken können, warum sollten dann nicht zwei Menschen innerhalb eines Zimmers Gedanken austauschen können? Immerhin gehören zum Denken genau dieselben Prozesse wie jene, die elektromagnetische Wellen hervorbringen. Gedanken und Taten werden vom Feuer der Nervenzellen (Neuronen) in unserem Hirn ausgelöst, die elektrische Ströme erzeugen, welche ihrerseits zu den Nerven und Muskeln in unserem Körper fließen. Elektrische Ströme sind es auch, die elektromagnetische Wellen erzeugen.

Oberflächlich betrachtet, scheinen die Kräfte von Elektrizität und Magnetismus sehr unterschiedlich zu sein. Es gibt Permanentmagneten, doch sie verhalten sich anders als elektrische Ladungen. Wenn man beispielsweise einen Magneten halbiert, bekommt man nicht einen isolierten Nordpol und einen isolierten Südpol, sondern zwei kleinere Magneten, jeder mit Nord- und Südpol. Wenn ich aber ein Objekt mit einer positiven elektrischen Ladung an einem Ende und einer negativen am anderen durchtrenne, bekomme ich ein positiv geladenes Objekt und ein negativ geladenes. Es gibt jedoch offensichtlich eine Verbindung zwischen Elektrizität und Magnetismus. Beispielsweise kann man einen Magneten erzeugen, indem man Ladungen bewegt, also elektrischen Strom fließen lässt. Solche Elektromagneten sind in fast allen häuslichen Elektrogeräten enthalten.

Gegen Ende des 19. Jahrhunderts gelangte einer der größten Theoretischen Physiker jener Zeit, der Schotte James Clerk Maxwell, zu einer der größten intellektuellen Vereinheitlichung von Ideen, die jemals auf diesem Planeten stattgefunden hat. Er zeigte schlüssig, dass Elektrizität und Magnetismus nicht nur zusammenhängen, sondern dass sie in Wahrheit nur unterschiedliche Aspekte ein und desselben Phänomens sind. Was dem einen seine Elektrizität, ist dem anderen sein Magnetismus, je nach Bezugssystem.

Maxwells Theorie bereitete nicht nur den Boden für die Relativitätstheorie, die auf diesem Prinzip beruht, sondern traf auch eine zentrale Vorhersage: Das Licht ist eine Welle, die durch Elektrizität und Magnetismus erzeugt wird. Das Zusammenspiel von Elektrizität und Magnetismus ist derart, dass jedesmal, wenn man eine elektrische Ladung hin und her bewegt, eine ›Welle‹ von elektrischen und magnetischen Störungen mit einer Geschwindigkeit nach außen läuft, die aus grundlegenden Prinzipien und Naturkonstanten errechnet werden kann. Diese Geschwindigkeit erwies sich als dieselbe wie die gemessene Lichtgeschwindigkeit. Wie wissen jetzt, dass die Frequenz, mit der man die Ladung hin und her bewegt, die messbaren Charakteristika der ausgesandten Welle festlegt. Wenn man sie nur eine Million Mal pro Sekunde hin und her bewegt, erzeugt man Radiowellen. Bei einer Milliarde Bewegungen pro Sekunde erhält man Mikrowellen. Bewegt man sie eine Million

Milliarden Mal pro Sekunde hin und her, erzeugt man sichtbares Licht. Und so weiter.

Sie könnten fragen, *was* sich da eigentlich in einer elektromagnetischen Welle ausbreitet. Was ist in der Welle selbst vorhanden und was tut die Welle, wenn sie auf Materie trifft? Hier müssen wir einem anderen bemerkenswerten Physiker aus dem 19. Jahrhundert danken, dem Engländer Michael Faraday. Faraday ist in mancher Beziehung eine romantischere Gestalt als Maxwell. Ohne formale Bildung – er war Buchbinderlehrling – besuchte er 1812 eine öffentliche Vorlesung an der hoch angesehenen Royal Institution in London, die der brillante Chemiker Sir Humphrey Davy hielt. Etwas später kehrte er in die Institution zurück und brachte die Vorlesungsnotizen mit, die er gemacht hatte, hübsch gebunden. Davy war so beeindruckt, dass er Faraday zu seinem Assistenten machte. Der Rest ist Geschichte.

Zu den Besonderheiten dieser Geschichte gehören mehrere weiterführende Entdeckungen über den Zusammenhang zwischen Elektrizität und Magnetismus, die den Boden für Maxwells Arbeit bereiteten. Doch ich möchte mich hier auf die eine konzentrieren, die ein für alle Mal die Art veränderte, wie Physiker vom leeren Raum denken. Faraday war ein intuitiver, vom Körpergefühl ausgehender Denker, was einer der Gründe ist, warum er mir so gefällt. Wenn die Physiker vor Faraday an Kräfte wie die Gravitation dachten, dann stellten sie sich die Gleichungen vor, denen diese Kräfte gehorchen. Faraday lieferte ein intuitiveres physikalisches Bild, welches in mancher Beziehung wertvoller ist.

Von dem Augenblick an, als Newton sein universelles Gesetz der Schwerkraft entdeckte, stellten er und andere sich die Frage: Woher weiß der Mond, dass die Erde da ist, um von ihrer Schwerkraft angezogen zu werden? Das heißt, was genau überträgt die Schwerkraft? Wirkt diese Kraft augenblicklich oder braucht sie Zeit, um bis zum Mond zu gelangen?

Newton fand nie eine Antwort auf diese heiklen Fragen und zog es vor, sich anderen Dingen zuzuwenden, etwa königlicher

Münzmeister zu werden. Rund zweihundert Jahre später dachte jedoch Faraday über dieselben Fragen nach, diesmal aber im Zusammenhang mit den elektrischen Kräften, die zwischen Teilchen wirken. Um leichter verstehen zu können, warum sich die elektrische Kraft so und nicht anders verhält, stellte er sich vor, dass von jedem geladenen Teilchen ein elektrisches ›Feld‹ ausgeht. Er vergegenwärtigte sich dieses Feld als ein Bündel von Linien, die von dem Teilchen in alle Richtungen des Raumes ausstrahlen. Wenn er sich die Anzahl der Linien als proportional zum Wert der elektrischen Ladung auf dem Teilchen vorstellte, konnte Faraday verstehen, warum die elektrische Kraft mit dem Quadrat der Entfernung zwischen geladenen Objekten abnimmt. Wenn ich mit einer bestimmten Anzahl von der Ladung ausgehender Feldlinien beginne und jede in gerader Linie in die Unendlichkeit geht, dann laufen die Feldlinien auseinander. Daher wird die Anzahl der Feldlinien, die in einer bestimmten Entfernung durch eine gegebene Fläche gehen, mit dem Quadrat der Entfernung sinken.

Nun, das ist ein hübsches Bild, doch ist es mehr als nur eine Metapher? Physiker erfinden oft Bilder, um sich zu veranschaulichen, wie die Naturgesetze funktionieren, doch sind diese Bilder jemals ein korrektes Abbild der Wirklichkeit? Mitunter ist die Antwort ein überraschendes Ja. Faradays Felder sind solch ein Beispiel und gewannen bald ein Eigenleben. Man erkannte rasch, dass unter bestimmten Bedingungen elektrische und magnetische Felder einfach durch die Anwesenheit anderer elektrischer und magnetischer Felder erzeugt werden können, ohne dass die elektrischen Ladungen zugegen wären, die ursprünglich zur Erfindung der Felder führten.

Wenn Physiker heutzutage an den leeren Raum denken – Raum ohne Materie darin –, ist ihnen klar, dass er nicht unbedingt leer zu sein braucht. Wir denken jetzt folgendermaßen von der elektrischen Kraft und auch von der Schwerkraft: Ein geladenes Teilchen erzeugt ein elektrisches Feld rings um sich, und ein Masseteilchen erzeugt ein Gravitationsfeld um sich.

Diese Felder breiten sich mit Lichtgeschwindigkeit aus, und ein weit entferntes Objekt kann mit ihnen wechselwirken und angezogen oder abgestoßen werden. Da das Feld einige Zeit braucht, um sich auszubreiten, wird beispielsweise der Mond von der Gravitation zu dem Ort hingezogen, wo sich die Erde zu dem Zeitpunkt befand, als das Feld, das mit dem Mond in Wechselwirkung tritt, erzeugt wurde. Wenn sich die Erde in der Zwischenzeit weiterbewegt hat, wird der Mond trotzdem zu ihrem ursprünglichen Ort hingezogen – das heißt, so lange, bis das Feld vom neuen Ort der Erde den Mond erreicht. Da sich diese Felder mit Lichtgeschwindigkeit ausbreiten, bemerken wir nach menschlichen Zeitmaßstäben die Verzögerung normalerweise nicht. Wenn es jedoch um kosmische Entfernungen geht, können die Auswirkungen der endlichen Geschwindigkeit, mit der sich die Gravitation ausbreitet, drastisch sein. Beispielsweise fällt die Milchstraße auf eine große Ansammlung von Galaxien in etwa 50 Millionen Lichtjahren Entfernung zu. In der Zeit, die das Gravitationsfeld von jenem riesigen Galaxien-Haufen benötigt hat, um in das Gebiet unserer Galaxis zu kommen, hat sich der Haufen, von dem unsere Galaxis angezogen wird, um etwa 100 000 Lichtjahre weiter bewegt – eine Strecke, die mit dem Durchmesser der Milchstraße vergleichbar ist!

Der leere Raum ist voller Felder. Eine Million Jahre, nachdem ich hier auf der Erde eine elektrische Ladung hin und her bewege, haben sich die wechselnden magnetischen und elektrischen Felder eine Million Lichtjahre weit fortgepflanzt; sie können dort eine elektrische Ladung in einer Antenne, die mit einem Radioempfänger verbunden ist, hin und her vibrieren lassen und in dem Empfänger eine Reaktion auslösen. Die Eröffnungssequenz von *Contact*, wo wir langsam in den Raum hinausgleiten und einem Strom elektromagnetischer Wellen folgen, der von unseren Rundfunk- und Fernsehsendungen ausgeht, wie sie ihren Weg durchs Weltall nehmen, ist eine wunderbare Illustration für diese Idee.

Wir nehmen nur einen kleinen Teil der elektromagnetischen Wellen da draußen direkt wahr. Zu diesem Spektrum gehören Wellen mit Frequenzen, auf die die Elektronen der Atome in unseren Augen reagierten können, indem sie Signale an unser Hirn senden, die wir als die eine oder andere Farbe interpretieren. Wellen von etwas geringerer Frequenz sind für uns unsichtbar, doch wir spüren sie als Wärme. Wellen von etwas höherer Frequenz sind unsichtbar – für uns, aber beispielsweise nicht für Bienen –, und wir fühlen sie überhaupt nicht, doch sie schädigen unsere Haut und rufen eine gefährliche, aber anscheinend attraktive Hautbräunung hervor.

Was könnte mehr nach New Age klingen als das? Eine unsichtbare Welt voller elektromagnetischer Felder rings um uns, von denen wir manche durch unsere eigenen Denkprozesse erzeugen. Wie kosmisch! – Warum sollten unsere Gedanken keine schwachen Felder hervorrufen, die von einzelnen Menschen wahrgenommen werden können, die die richtigen Antennen dafür im Kopf haben?

Doch das wäre zu viel des Guten. Elektromagnetische Felder können sich bemerkenswert gut ausbreiten und Wirkungen erzeugen. Doch wenn sie Wirkungen erzeugen, dann sind sie definitionsgemäß *beobachtbar*. So funktioniert die Welt. Wenn ich sehr angestrengt nachdenke – was immer das bedeuten mag – und versuche, in Ihrem Gehirn eine Reaktion hervorzurufen, so heißt das, dass ich in den Nervenzellen Ihres Hirn eine chemische oder elektrische Reaktion auslösen muss. Doch wenn Sie nicht glauben, dass sich Ihr Gehirn anders verhält als jede andere Art Antenne im Weltall, dann müsste das Signal, das ich aussende, mit Radios oder anderen Arten von elektromagnetischen Empfängern in der Umgebung festzustellen sein.

Zweifellos wären die vernünftigsten Träger für telepathische Botschaften elektromagnetische Wellen. Zweifellos sind sie direkt mit dem Ablauf der Denkprozesse verknüpft. Wir haben ›Hirnwellen‹ entdeckt und können sogar das äußere elektromagnetische Signal feststellen, das sie hervorrufen. Doch hier auf der Erde können elektromagnetische Wellen vom anderen Ende des Universums aufgefangen werden. Warum sollten solche Empfänger schlechter geeignet sein, telepathische Botschaften zu empfangen, als Ihr Gehirn? Die Tatsache, dass nie jemand elektromagnetische Wellen im Zusammenhang mit außersinnlicher Wahrnehmung festgestellt hat, ist ziemlich vernichtend, meinen Sie nicht?

Vielleicht sind die elektromagnetischen Wellen, die zur Telepathie gehören, so schwach, dass die vorhandenen Empfänger zu unempfindlich für sie sind? Doch sie können nicht zu schwach sein, um eine physikalische Veränderung im Hirn des Empfängers auszulösen. Dazu würde gehören, dass sie genug Energie mit sich führen, um ein Elektron zu veranlassen, sich hin und her zu bewegen, oder den Atomspin zu beeinflussen oder etwas in der Art. Doch ebendieses Etwas kann als Grundlage für einen entsprechenden Apparat benutzt werden, um die Wellen aufzuspüren. Die derzeit vorhandenen Detektoren für sichtbares Licht können beispielsweise einzelne Photonen registieren. Wir können Röntgendetektoren bauen, um durch Dinge hindurchzublicken, die für das bloße Auge undurchsichtig sind, Infrarotkameras, um unseren Nachbarn in der Dunkelheit nachzuspionieren. Es läuft darauf hinaus, dass nichts im Universum besser zu entdecken ist als elektromagnetische Wellen, so verborgen sie scheinen mögen.

Nein, dies ist ein weiterer Fall, wo sich Fox Mulders Maxime, dass ›die einfachste Erklärung auch die am wenigsten plausible‹ sei, bewahrheitet. Wenn ESP funktionieren soll, muss es einen anderen Weg geben – etwas, das nicht ganz so einfach ist.

ZEHN

···

Irr, böse und kein guter Umgang

Glauben ist leichter als Denken.

Sprichwort

Schauen Sie jemandem, den Sie lieben, tief in die Augen, und Sie werden gewiss die Empfindung haben zu wissen, was er oder sie denkt. Ihre Gedanken sind für Sie so wirklich wie Ihre eigenen. Alles an dieser Person scheint im Einklang mit Ihren eigenen Vorstellungen und Wünschen zu sein. Sie senden die Signale aus und warten.

In der Tat, wenn Sie jemanden gut genug kennen, wissen Sie oft, was er denkt! Ich traf vor kurzem einen Physiker, der sagte, dass er gelegentlich wirklich die Gedanken seiner Tochter gelesen habe. Diese Behauptung überraschte mich erheblich, doch später in unserem Gespräch wurde klar, dass er eigentlich eher etwas in der Art dessen gemeint hatte, was ich oben sagte: Er kannte sie so gut, dass er oft imstande war vorherzusehen, was in ihrem Kopf vorging.

Trotzdem ist das Universum voll unsichtbarer Felder – und zwar so vieler, dass Faraday selbst überrascht gewesen wäre. Wenn Sie durchs Zimmer gehen, ist die Anzahl unsichtbarer Dinge, die auf Ihren Körper einwirken, atemberaubend. Neben dem kompletten Spektrum elektromagnetischer Wellen – den Radiowellen von nahe gelegenen Rundfunksendern oder von fernen Galaxien, den Infrarotwellen, die von der Wärme der Wände oder von den Körpern anderer Menschen im Raum ausgehen – werden wir von unsichtbaren Neutrinos bombardiert, die vom Urknall herrühren, von den Gravitationswellen kollabierender Sterne in unserer Galaxis, von Neutronen, die beim Zerfall radioaktiver Substanzen in Decke und Wänden ausgestrahlt werden, ganz zu schweigen vom Higgs-Feld, das, wie viele Elementarteilchen-Physiker glauben, den Raum durchdringt und aller Materie die Masse verleiht, oder einem möglichen geheimnisvollen Feld, das mit der ›dunklen Materie‹ in Zusammenhang gebracht wird, die den größeren Teil der Masse im Universum ausmachen soll. Wenn man zu immer kleineren Maßstäben übergeht, wird die Anwesenheit verschiedener Felder immer deutlicher, sodass man auf subatomarem Niveau die Elementarteilchen selbst als Manifestationen von Feldern betrachten kann, die sie erzeugen und vernichten.

Es gibt noch eine Unmenge weiterer Phänomene, die zwar für das Auge unsichtbar sind, aber von unseren anderen Sinnen wahrgenommen werden können. Ein paar Moleküle Parfüm, die am Hals einer Frau in der Nähe verdunsten, können beim durchschnittlichen Mann eine Flut von Empfindungen und Erinnerungen auslösen.

Wen kümmert es also, wenn elektromagnetische Felder sich für ESP nicht eignen? Die Welt scheint voll von Wahrnehmungen jenseits unserer fünf Sinne zu sein. Wenn eine Biene das (für uns) unsichtbare ultraviolette Muster auf den Blütenblättern einer Blume entdecken kann oder ein Hund den hochfrequenten Ton einer Pfeife in der Ferne hört, wo wir meinen, von Stille umgeben zu sein, warum sollen nicht manche von uns von weitem die ansonsten nicht wahrnehmbaren starken Gefühle unserer Lieben oder die prosaischeren Gedanken unserer Nachbarn auffangen können?

Außersinnliche Wahrnehmung scheint so greifbar, so verlockend zu sein, dass man schwerlich glauben kann, sie existiere nicht. Psychologen und Parapsychologen von unterschiedlicher Bedeutung haben im Laufe der Jahre Ideen hervorgebracht, die in unterschiedlichem Grade verschwommen sind.

In einem Sprung der Phantasie über das empirisch Bewiesene hinaus hat Carl Jung die Existenz eines ›kollektiven Unbewussten‹ angenommen, das von allen Menschen geteilt wird (nicht unähnlich dem Kollektivbewusstsein Borg in *Star Trek*). Andere haben behauptet, dass die Menschen, als sie die Sprache entwickelten, ihren angeborenen ESP-Sinn verloren hätten, ähnlich wie unser Hör- und Geruchssinn, die für das Leben in der Wildnis beide so bedeutsam sind, vom städtischen Dasein zurückgedrängt wurden. Luther Boggs, ein ESP-begabter Insasse der Todeszellen in *Akte X*, geht einen Schritt über Jung hinaus und behauptet, ›die Toten, die Lebenden, ...alle Seelen sind verbunden‹. Andere haben sich Sprachregelungen zugelegt, die wissenschaftlicher klingen, wie ›morphogenetische Felder‹, ein Begriff, der eine von allen Quellen – Tieren, Pflanzen und Mineralien – ausgehende und ESP-Signale verbreitende Energie beschreiben soll.

Da fällt einem leider die Feststellung von Groucho Marx ein, er würde keinem Club angehören wollen, der ihn als Mitglied aufnähme. Wie im vorangehenden Kapitel festgestellt, muss ein Feld, das Signale vom Gehirn einer Person zu dem einer anderen befördern soll, 1. genug Energie übertragen, damit etwas geschieht, und 2. stark genug wechselwirken, damit die ›ESP-Antenne‹ im Gehirn das Signal empfangen kann. Man kann sich vorstellen, wie beides zu machen wäre, doch solch ein Feld wäre mit unseren gegenwärtigen Instrumenten festzustellen.

Wir kennen Felder mit großer Reichweite im Universum, vom Elektromagnetismus, dem stärksten makroskopischen Feld, bis zur Gravitation, dem schwächsten. Nachdem wir das erstere verworfen haben, wollen wir uns zu letzterem hinabarbeiten. Betrachten wir einen Träger irgendwo zwischen Gravitation und Elektromagnetismus, beispielsweise die so genannte schwache Kernkraft. Die Wechselwirkungen, die diese Kraft zwischen unterschiedlichen Teilchen in den Atomkernen vermittelt, sind für die Reaktionen verantwortlich, aus denen die Sonne ihre Energie bezieht. Das mag nicht besonders ›schwach‹

klingen, doch das liegt daran, dass zwar die von der schwachen Kraft vermittelten Reaktionen es den Kernen erlauben, ihre Identität zu wechseln, dass aber eine andere Kernkraft, genannt die starke Kraft, für die großen Energiemengen verantwortlich ist, die dabei freigesetzt werden.

Die schwache Kraft hat eine extrem geringe Reichweite (kleiner als die Größe eines einzelnen Atoms) und eignet sich daher nicht als direkter Träger von ESP, doch Teilchen, die nur vermittels dieser Kraft wechselwirken, können weite Entfernungen zurücklegen und so Signale übertragen. Wie sich zeigt, wechselwirken alle bekannten Elementarteilchen in der Natur vermittels Kräften, die stärker als die schwache Kraft sind, mit einer Ausnahme: das Neutrino. Aus diesem Grunde sind Neutrinos so gut wie nicht wahrzunehmen und können unbeeinflusst große Entfernungen zurücklegen. Während Sie das lesen, strömen Neutrinos durch Ihren Körper. In jeder Sekunde strömt über eine Billion Neutrinos von der Sonne mit nahezu Lichtgeschwindigkeit durch Ihren Körper. Diese solaren Neutrinos gehen nicht nur durch Ihren Körper hindurch, ohne mit der Materie darin in Wechselwirkung zu treten, sie durchdringen den ganzen Planeten ohne merkliche Wechselwirkung. Sie könnten auf diese Weise Milliarden Erden, die nacheinander aufgereiht sind, ohne Wechselwirkung durchdringen. Trotz ihrer kosmischen Machtlosigkeit haben wir solare Neutrinos entdeckt – mit einer technischen Raffinesse, die kaum ein Science Fiction-Autor zu erfinden gewagt hätte. Beispielsweise haben wir die Wirkung eines zufällig aus der Reihe tanzenden Neutrinos auf ein einzelnes Chloratom in einem Tank beobachtet, der knapp 400 000 Liter Reinigungsmittel enthielt. Es bleibt jedoch noch die Neutrinostrahlung von der Entstehung des Universums, aber noch niemand weiß, wie man sie beobachten oder messen könnte.

In den ersten Augenblicken des Urknalls waren die Temperaturen und Dichten überall unglaublich hoch. Auf diesem Niveau von Dichte und Temperatur (über 10 Milliarden Grad) konnten sich nicht einmal Neutrinos unbeeinflusst durch die Materie stehlen. Sie befanden sich im thermischen Gleichgewicht mit der Umgebung; wenn das umgebende Gas heiß und dicht war, so waren das auch die Neutrinos. Als sich das Universum ausdehnte und dabei abkühlte, entstand normale Materie – Protonen, Neutronen und Elektronen – und bildeten sich die Atome der leichtesten Elemente. Anhand von Berechnungen auf der Grundlage von Labormessungen an Kernreaktionen haben wir ermitteln können, dass die meisten Protonen und Neutronen das leichteste Element, Wasserstoff, gebildet haben müssen, etwa ein Viertel von ihnen das zweitleichteste Element, Helium, und ein winziger Bruchteil das drittleichteste, Lithium. Und die übergroßen Mengen, in denen diese Elemente heute vorkommen, passen zu den Berechnungen: Das Universum besteht zu rund 75% aus Wasserstoff und zu rund 25% aus Helium, während der Anteil ursprünglichen Lithiums etwa ein Zehnmilliardstel beträgt. Diese Übereinstimmung zwischen theoretischer Aussage und Beobachtung ist einer der Triumphe der Urknall-Theorie und lässt uns darauf vertrauen, dass eine andere Aussage der Theorie, die nicht direkt überprüft werden kann, ebenfalls wahr ist.

Dieselben Reaktionen, aus denen das Verhältnis von Protonen zu Neutronen im Universum hervorgeht und die das beobachtete Verhältnis zwischen Wasserstoff und Helium erklären, weisen auch darauf hin, dass es einen Strom von Neutrinos vom Urknall her geben muss, der den ganzen Raum durchdringt. Zu jedem Zeitpunkt müssten sich in einem Materievolumen von der Größe eines Teelöffels ungefähr hundert Neutrinos befinden, die vom Urknall übrig geblieben sind. Wie die solaren Neutrinos sitzen auch diese nicht still in dem Teelöffel, sondern strömen fast mit Lichtgeschwindigkeit hindurch. Im Unterschied zu den Neutrinos von der Sonne tragen diese jedoch eine viel kleinere Energie – ein Neutrino aus dem kosmischen Hintergrund besitzt weniger als ein Millionstel der Energie eines solaren Neutrinos.

Daher ist es nie jemandem gelungen, einen Weg zu finden, wie man diesen Neutrino-Strom beobachten könnte, obwohl die Physiker von seiner Existenz überzeugt sind. Als Mitte der Sechzigerjahre die vom Urknall herrührende universelle Hintergrundstrahlung im Mikrowellen-Bereich entdeckt wurde – eine Strahlung, die von denselben Reaktionen herrührt, die einen Ozean von Neutrinos erzeugt haben müssten –, war das ein weiterer Grund für die Überzeugung, dass diese Hintergrundneutrinos existieren.

Hier ist also ein echter Kandidat für ein wahrhaft unsichtbares Hintergrund-›Feld‹, das das Universum durchdringt. Doch es kommt noch besser. Elementarteilchen-Physiker glauben, dass andere, noch schwächer wechselwirkende Teilchen vom Urknall erzeugt worden sein könnten. Diese Teilchen sind rein hypothetisch und haben sonderbare Namen – Neutralinos, Axionen, Dilatonen und so weiter. Nichtsdestoweniger gibt es verschiedene grundlegende Rätsel über die Natur der Materie und der bekannten Wechselwirkungen, die nur gelöst werden können, wenn solche (bisher unentdeckten) Teilchen existieren.

Wenn wir versuchen, die Gesamtmenge der Materie im Universum zu messen – sowohl in Galaxien als auch zwischen ihnen –, weist alles darauf hin, dass da viel, viel mehr ist, als man sieht. Wie in Kapitel 6 angemerkt, scheinen über neunzig Prozent der Masse des Universums unsichtbar zu sein; sie leuchtet nicht, indem sie elektromagnetische Strahlung aussendet. Könnte also eine exotische Form der ›dunklen Materie‹ der Träger für ESP-Signale sein?

Nein.

Und Neutrinos ebenso wenig, nicht einmal die geisterhafte Sorte, die vom Urknall zurückgeblieben ist. Die Neutrinos illustrieren eigentlich perfekt die Probleme, die auftreten, wenn man irgendeinen physikalischen Mechanismus für außersinnliche Wahrnehmung annimmt. Einerseits bedeutet die Tatsache, dass Neutrinos sehr schwach wechselwirken, auch, dass sie sehr schwer zu erzeugen sind. Die Prozesse, bei denen sie entstehen, ereignen sich entweder sehr selten, oder sie erfordern enorm hohe Energien. Beispielsweise tragen Neutrinos, die beim Kernzerfall erzeugt werden (wie solare Neutrinos), in der Regel Energien, die mehr als eine Million Mal höher sind als die, die Radiowellen tragen. Das heißt in erster Linie, dass sie, wenn sie mit Ihrem Körper in Wechselwirkung treten würden, weitaus mehr Energie abgeben würden, als benötigt wird, um ein Atom leicht hin und her schwingen zu lassen; die abgegebene Energie hätte die charakteristische Wirkung anderer Radioaktivität und wäre nicht besonders gesundheitsfördernd. Der kosmische Neutrinohintergrund andererseits ist heute nicht energiereich, da er sich seit seiner Entstehung merklich abgekühlt hat. Und um durch Kernzerfall genug Neutrinos zu erzeugen, damit, sagen wir, ein Neutrino pro Sekunde mit einem Atom in Ihrem Gehirn wechselwirkt, bräuchte man eine Energiequelle, die mindestens zehnmal so stark wie die Sonne sein, aber auf ein Volumen von der Größe einer Brotbüchse beschränkt sein müsste und sich nicht mehr als vielleicht dreißig Zentimeter von Ihrem Kopf entfernt befinden dürfte. Ich glaube, in diesem Falle wäre jede neutrinogestützte geistige Botschaft von Ihrer Liebsten oder, sagen wir, von Ihrem Hund irrelevant!

Diese Probleme sind noch größer, wenn es um Teilchen geht, die schwächer als Neutrinos wechselwirken, wie die vermuteten Teilchen der dunklen Materie. Man braucht entweder den Urknall oder sehr hochenergetische Teilchenbeschleuniger wie die 26-Kilometer-Anlage, die derzeit am CERN gebaut wird (der US-Kongress hat leider den Bau einer leistungsfähigeren Anlage in Texas abgebrochen), um sehr schwach wechselwirkende Teilchen zu erzeugen. Um solche Teilchen festzustellen, benötigt man entweder sehr große Detektoren, die mehr Platz als ein Wohnblock einnehmen würden, oder aber eine unvorstellbare Geduld. Ich habe einmal Folgendes berechnet: Wenn man einen Detektor zur Entdeckung eines kosmischen Hintergrundes von Axionen oder Neutralinos bauen könnte, wäre die in den Detektor einfließende Energierate geringer als ein Millionstel Millionstel der Energie, die von der Restradioaktivität in Ihrer großen Zehe erzeugt wird.

Andererseits werden zwar einige neue Typen von Elementarteilchen vorausgesagt, die beim radioaktiven Zerfall gewöhnlicher Materie entstehen sollen, doch die (durchschnittliche) Halbwertszeit, bevor solch eine Art Zerfall eintritt, ist unvorstellbar lang, da die dabei wirkenden Kräfte so schwach sind. Eine neue Annahme besagt, dass die Bestandteile normaler Materie, wie etwa von Diamanten, nicht ewig existieren und dass alle Protonen und Neutronen im Universum schließlich zerfallen werden, wobei nichts bleibt, was schwer genug wäre, um als Atomkern zu dienen. Doch Sie brauchen sich keine Sorgen zu machen, Sie könnten plötzlich sehen, wie verschiedene Teile Ihres Körpers verschwinden. Die errechnete Halbwertszeit eines solchen Zerfalls übersteigt das Alter des gegenwärtigen Universums um eine Million Millionen Millionen Mal. Für noch phantastischer halte ich die Tatsache, dass wir große unterirdische Detektoren bauen können – und tatsächlich bauen –, die empfindlich genug sein könnten, um solch einen seltenen Zerfallsprozess festzustellen.

So viel zu neuen, schwach wechselwirkenden Teilchen. Jede solche neue Materieform, die als Träger von ESP in Anspruch genommen wird, wird unter dem Fluch von Newtons Drittem Gesetz leiden: Wenn du mit mir wechselwirkst, muss ich mit dir wechselwirken. Die Vernachlässigung dieses Gesetzes ist für eine Tonne alberner Fehler in der Science Fiction verantwortlich. Ich habe in meinem letzten Buch den berüchtigten ›Geisterfehler‹ behandelt, wo sich ein Geist als zu unkörperlich erweist, um irgendetwas zu heben oder seine Lieben zu umarmen, doch auf irgendeinem Grunde geht er, wo immer er geht, auf dem Fußboden, und wann immer er sich auf einen Stuhl setzt, schafft es sein Hintern, auf dem Stuhl zu bleiben. In der Science Fiction, darunter (häufig) in *Star Trek*, werden Menschen immer mal wieder vorübergehend körperlos gemacht und können durch Wände gehen und dergleichen; manchmal geschieht das, wenn sie eine andere Dimension ›bewohnen‹, sodass sie nicht mit unserem vierdimensionalen Universum wechselwirken, und manchmal, weil sie einfach in eine Art wechselwirkungsfreie Materie umgewandelt worden sind. Doch wie atmen sie in diesem Fall? Der Sauerstoff in der sie umgebenden Luft, den sie zum Überleben brauchen, sollte doch wohl ebenso durchlässig für sie sein wie alles andere.

Es bleibt aber noch einiges abzuarbeiten. Wir können die schwache Kraft wegen ihrer kurzen Reichweite nicht verwenden, doch was ist mit neuen, weit wirkenden Kräften in der Natur neben den vier bekannten Grundkräften? Und was ist übrigens mit der vierten Kraft, der Gravitation? Immerhin dreht sich buchstäblich die Welt durch sie.

Meines Wissens hat niemand vorgeschlagen, die Gravitation selbst als Träger von ESP-Signalen zu betrachten – vielleicht, weil die Gravitation so universell ist. Jeder alte Klumpen Materie genügt dafür, und offensichtlich auf dieselbe Weise. Soviel wir wissen, ist nichts Besonderes an den Gravitationseigenschaften des Gehirns. Und sogar wenn da etwas Besonderes wäre, ist nicht einzusehen, wie selbst ein so großes Gehirn wie das eines Delphins auf ein Objekt in der Nähe eine Gravitationskraft ausüben könnte, die irgendetwas bewirkt.

Doch gibt es eine fünfte Kraft, nahezu unsichtbar, sodass wir sie noch nicht entdecken konnten? Damit sind wir bei der bahnbrechenden Arbeit des ungarischen Barons Lóránt Eötvös. 1889 begann Eötvös in Budapest mit einer Serie von bemerkenswerten Experimenten zur Natur der Gravitation, die er dreißig Jahre lang bis zu seinem Tod 1919 weiterführte. (Seine berühmteste Arbeit erschien erst drei Jahre nach seinem Tod, was aber dem Tempo der Veröffentlichungen zu jener Zeit anzulasten ist und nicht einem Leben nach dem Tode.) Die Frage, die Eötvös stellte, wurde später zum Kernstück von Einsteins Allgemeiner Relativitätstheorie: Zieht die Gravitation alle Stoffe in gleicher Weise an, unabhängig von ihrer Zusammensetzung? Wenn die Gravitation die Krümmung des Raumes selbst verkörpert, dann müssen natürlich alle Objekte auf gleiche Weise auf diese Krümmung reagieren. Wenn sie es nicht tun, dann ist entweder die Allgemeine Relativitätstheorie falsch, oder es gibt neben der Gravitation eine weitere Kraft, die auf die Zusammensetzung aus bestimmten Materialien reagiert.

Nun könnten Sie meinen, da die Gravitation selbst so schwach ist, sollte es unmöglich sein, winzige Schwankungen bei der Anziehung unterschiedlicher Materialien zu unterscheiden. Wenn man aber schlau ist, geht das durchaus. Eötvös führte ein Experiment durch, bei dem er Lotgewichte aus verschiedenen Materialien frei herabhängen ließ und ihre Winkel gegen die Vertikale maß. Wenn die Erde nicht rotieren würde, so würden sie wegen der Schwerkraft direkt nach unten zum Erdmittelpunkt zeigen, doch die Erdumdrehung zieht sie ein wenig zur Seite. Wenn die Schwerkraft wegen der unterschiedlichen Materialien unterschiedlich stark auf die Lotgewichte wirkt, unterscheidet sich das Verhältnis zwischen abwärts und seitwärts gerichteter Kraft, und die Lote weichen unterschiedlich weit von der Vertikalen ab. Indem er die Winkel verglich, stellte Eötvös fest, dass die Unterschiede in der Wirkung der Schwerkraft auf verschiedene Materialien unter 1 zu hundert Millionen liegen!

Was bedeutet das? Es bedeutet, dass, wenn es eine fünfte, materialabhängige Kraft gäbe, ihre Stärke weniger als ein Hundertmillionstel der Gravitation betrüge. Doch es kommt noch schlimmer.

Robert Dicke ist ein moderner Experimental-Zauberer, der an der Entwicklung des Masers, des Lasers, des Lock-in-Verstärkers, des Mikrowellen-Radiometers und von Atomuhren mitgearbeitet hat; er hat die Abplattung der Sonne gemessen und eine Methode entwickelt, die kosmische Mikrowellen-Hintergrundstrahlung vom Urknall zu messen. 1964 führte er ein Experiment durch, bei dem er eine empfindliche Waage und Laserstrahlen verwendete, um den möglichen Unterschied zu messen, mit dem die Schwerkraft der Sonne Gegenstände aus unterschiedlichem Material anzieht. Dickes Experimente haben ergeben, dass die Obergrenze für solche Unterschiede 1 zu einer Billion beträgt! Das Experiment war so empfindlich, dass die Gravitationskraft, die ein irgendwo im Zimmer anwesender Experimentator mit seiner Körpermasse auf die Waage ausgeübt hätte, einen um Größenordnungen stärkeren Einfluss als die besagte Obergrenze ausgeübt hätte. Es war so empfindlich, dass ein Stückchen Eisen von einem Zehntausendstel Millimeter auf einer Seite der Waage im Magnetfeld der Erde einer Kraft vom Hundertfachen der Obergrenze ausgesetzt gewesen wäre. Ein Temperaturunterschied von einem Zehntausendstel Grad zwischen den beiden Armen der Waage hätte die Empfindlichkeit des Experiments ruiniert. Und so weiter. Als theoretischer Physiker hege ich immer Ehrfurcht vor solchen technischen Meisterleistungen, doch aus unserer Sicht bedeuten diese Ergebnisse, dass bei der größten experimentellen Empfindlichkeit jede neue weitreichende Kraft weniger als ein Milliardstel der Stärke der Gravitation haben müsste. Und ich fordere Sie auf, sich die Darlegungen im vorigen Kapitel in Erinnerung zu rufen: Gravitation ist sehr, sehr schwach!

Etwa siebzig Jahre nach Eötvös' Tod hat eine verzweifelte Seele beschlossen, die Daten des Barons neu zu analysieren, und behauptet, Beweise für eine materialabhängige Kraft gefunden zu haben. Diese neuentdeckte fünfte Kraft beherrschte ein paar Monate lang die physikalischen Zeitschriften. Natürlich wird Ihnen jeder Experimentator sagen, dass es besonders misslich ist, die Einzelheiten von experimentellen Daten zu analysieren, wenn man an dem Experiment nicht teilgenommen hat – erst recht die Daten eines vor siebzig Jahren durchgeführten Experiments. Die neue ›fünfte Kraft‹ ging rasch den Weg vieler anderer sensationeller, aber fehlerhafter Entdeckungen. Doch obwohl die Behauptung widerlegt wurde, diente sie dennoch einem nützlichen Zweck. Vielen Experimentatoren wurde bewusst, dass sie über die Technik verfügten, um nach neuen Kräften zu suchen, die auf Entfernungen von Metern bis

Kilometer wirken könnten. Binnen ein paar Jahren erschienen experimentelle Ergebnisse, die eine neue materialabhängige Kraft auf verschiedenen Reichweite-Skalen einschränkten, immer auf einem Niveau weit unterhalb der Stärke der Gravitation, der schwächsten bekannten Kraft in der Natur.

Es trifft zwar zu, dass nie jemand zwei Menschen, einen denkenden und einen empfangsbereiten, auf die Schalen einer Waage gesetzt hat, doch angesichts der Unmenge an Experimenten halte ich es für unglaubhaft, dass eine neue Kraft der Aufmerksamkeit all jener Forscher entgangen wäre, die stark genug ist, die Atome im Hirn einer anderen Person in Bewegung zu setzen. Solange man zustimmt, dass unsere Gehirne aus dem gleichen Stoff wie alles andere bestehen, dann mögen wir noch so gern die Gedanken eines anderen lesen wollen, es scheint am Licht zu fehlen, bei dem wir lesen könnten.

Bei all dem Gerede über Gravitation und neue schwache Kräfte zwischen Geist und Materie kann ich nicht umhin, zu einer Idee zurückzukehren, die viel älter als außersinnliche Wahrnehmung ist. Die Macht in *Star Wars*, die uns auf diese Diskussion brachte, ähnelt eigentlich viel eher einer Ansicht, die ursprünglich der Astrologie zugrunde lag, die ihrerseits ihre Wurzeln im antiken Griechenland hat. Da sie vermuteten, vier Elemente – Erde, Wasser, Luft und Feuer – reichten nicht aus, um das Universum in Gang zu halten, kamen griechische Naturphilosophen zu dem Schluss, es müsse da noch etwas anderes geben. Dieses Material, von Aristoteles ›Quintessenz‹ (die fünfte Essenz) genannt, war das Material des Himmels, das alle Dinge durchdrang – die grundlegende Essenz der Schöpfung. Es war natürlich unsichtbar, und zwei Jahrtausende lang – bis in einem Experiment von A. A. Michelson und Edward Morley an der Case Western Reserve University nachgewiesen wurde, dass es nicht existiert – war es unter einem vertrauteren Namen bekannt: der Äther.

Da der Äther universell war, verband er die Welt der Gestirne mit der Welt der Menschheit. Diese Idee gewann in der mystischen Welt des antiken Alexandria neues Leben. Hier wurde sie mit verschiedenen Formen des östlichen Mystizismus zu einer neuen Religion verwoben, der Astrologie. Der Äther war das Medium, welches das menschliche Drama mit der regelmäßigen Bewegung der Planeten um die Sonne verknüpfte, und die Astrologie erklärte, wozu die Planeten da oben dienten. Mit einem weiteren Beispiel für unsere gründliche Fähigkeit, uns als Mittelpunkt der Welt zu sehen, stellten die alexandrinischen Astrologen fest, dass die Planeten über die menschlichen Belange entscheiden. Die Idee war nicht einzigartig. Immerhin waren in Rom die Planeten Götter, und die Sterblichen waren ihren Launen unterworfen.

Vor zwei Jahrhunderten war die Ansicht, der Äther müsse existieren, ein hinreichend guter Aufhänger für eine neue Philosophie wie die Astrologie. Heute jedoch ist sie nicht mehr gut genug (außer vielleicht unter Reagan im Weißen Haus): Die Astrologie ist weder in sich konsistent noch experimentell bestätigt. (In meinem Lieblingsbeispiel für den Scharfsinn der Astrologie wurde mehreren Leuten ein Horoskop gestellt, das in Wahrheit das eines berühmten Massenmörders war. Sie akzeptierten es als ihr eigenes und glaubten, die Charakteristik darin träfe auf ihre Persönlichkeiten und Erfahrungen zu.) Dennoch haben die meisten Zeitungen in diesem Land eine astrologische Rubrik, alljährlich werden in den USA rund 20 Millionen Astrologiebücher verkauft, und Präsidenten und deren Gattinnen finden es nicht weiter seltsam, ihre Entscheidungen anhand der Vorhersagen einer ›Wissenschaft‹ zu treffen, deren grundlegendes Material vor über hundert Jahren als nicht existent nachgewiesen wurde.

Als der Mythos der Wissenschaft wich, bekam der Äther ein wissenschaftlicheres Aussehen. Newton und sein Zeitgenosse, der holländische Physiker und Astronom Christiaan Huygens, hatten schon im 17. Jahrhundert festgestellt, dass das Licht eine Welle ist. Das brachte jedoch ein Problem mit sich, denn eine Welle braucht ein Medium, in dem sie sich ausbreiten kann.

Bringen sie eine elektrische Glocke in ein Gefäß und entfernen sie die Luft – und das Geräusch verschwindet. Im freien Weltraum gibt es keinen Schall (was Gene Roddenberry wusste, aber ignorierte). Doch was ist mit dem Licht? Das Licht, das das Bild der Glocke trägt, kommt immer noch an, auch wenn der Schall ausbleibt. Es musste ein anderes Material als Luft geben, in dem sich das Licht ausbreitet. Was wäre dafür besser geeignet als der Äther?

Also florierte vom 17. Jahrhundert bis fast zum Ende des 19. der Äther aus wissenschaftlichen statt mystischen Gründen. Als 1887 Michelson und Morley zeigten, dass es keine Belege für den Äther gibt, ahnten sie noch nicht, dass zwanzig Jahre später ein junger theoretischer Physiker, Albert Einstein, zeigen sollte, dass nicht nur kein experimenteller Nachweis für den Äther zu finden war, sondern dass ihn die Theorie nun für unmöglich erklärte. Soweit es die Science Fiction-Autoren angeht, mag Einstein ein für alle Mal mit dem Äther Schluss gemacht haben, doch er gab ihnen dafür etwas viel Wertvolleres – ein Universum, in dem Raum und Zeit selbst relativ sind.

Man könnte sagen, dass die dunkle Materie der modernen Kosmologie der Äther von heute ist, und in gewissem, allgemein philosophischem Sinne ist sie das. Sie scheint das Weltall zu durchdringen und ist (zumindest bisher) nicht zu beobachten. Es gibt jedoch einen großen Unterschied: Im menschlichen Maßstab hat die dunkle Materie keinerlei Folgen. Sie bewirkt nichts bei uns. Ihre Schwerkraft kann die Ausdehnungsrate des Universums selbst beeinflussen, doch soweit es das alltägliche Leben der Menschen angeht, könnte sie ebenso gut nicht existieren. Sie ist unsichtbar, eben *weil* sie nicht mit Sternen oder anderen Arten normaler Materie wechselwirkt. Sie könnte uns ebenso wenig sagen, ob Mars im Hause des Wassermanns aufgeht, wie sie eine Sonate schreiben könnte.

Während jedoch die Astrologie einfach nur albern ist, bleibt die außersinnliche Wahrnehmung ein Gebiet, auf dem man gültige Fragen stellen kann. Zwar sind die Tatsachen entmutigend – der beste Kandidat, der Elektromagnetismus, ist zu leicht zu entdecken, und der in puncto Allgegenwärtigkeit praktischste Kandidat, die Gravitation, ist zu schwach –, doch die Suche nach neuen Naturkräften ist noch immer eine wichtige Sache. Es gibt kaum Zweifel, dass auf irgendeinem Niveau unentdeckte Kräfte und Elementarteilchen existieren. Obwohl sie in unserem Alltag keine Rolle spielen, wird ihr Verständnis unweigerlich zum Verständnis der Prozesse beitragen, die zu unserer eigenen Existenz geführt haben. Das ist der wahre ›kosmische‹ Zusammenhang mit den Sternen, den die moderne Wissenschaft liefert, wobei sie die mystischen Deutungen der Astrologie ersetzt.

Wir sind weit davon entfernt, alles über die Natur der Materie zu wissen. Und es scheint zwar kein Platz zu sein, um auch nur einen einzigen unentdeckten Gedanken durch das Labyrinth der modernen Experimente vibrieren zu lassen, doch die Tatsache, dass wir eine Kraft auf dem Niveau von eins zu einem Milliardstel überprüfen können – eine derart schwache Kraft, dass man etwas von der Größe der Erde braucht, um sie zu bemerken –, lässt hoffen, dass wir alle seltsamen neuen Dinge, die da nachts poltern könnten, schließlich finden werden.

Jetzt kommt die Zeit

> *Scully:* Die Zeit kann nicht
> einfach verschwinden! Sie ist
> eine universelle Invariante!
> *Mulder:* Nicht im Bereich
> dieser Postleitzahl!

Als ehemalige Physikstudentin, die ihre Diplomarbeit über ›Eine neue Interpretation von Einsteins Zwillingsparadoxon‹ schreiben sollte, hätte es Dana Scully besser wissen müssen, anstatt die oben zitierte Behauptung zu äußern. Oder aber sie hatte eine *wirklich* neue Interpretation. Denn das Kernstück von Einsteins Spezieller Relativitätstheorie – zumindest derjenigen, die ich kenne und liebe – ist die Tatsache, dass die Zeit eben keine universelle Invariante ist. Sie verstreicht unterschiedlich schnell für unterschiedliche Leute unter unterschiedlichen Bewegungsumständen oder in unterschiedlichen Gravitationsfeldern.

Also was hat Einstein mit ESP zu tun? Nun, zunächst einmal hat Einstein in der Frühzeit der ESP-Forschung, als die Ergebnisse von J. B. Rhine und anderen noch nicht diskreditiert waren, bemerkt, er stehe dem Thema offen gegenüber, werde aber nicht daran glauben, ehe er nicht einen ›Abstandseffekt‹ gesehen habe. Er spielte auf die Tatsache an, dass alle fernwirkenden Kräfte in der Natur mit zunehmender Entfernung schwächer werden, wofür Gravitation und Elektromagnetismus die hervorstechendsten Beispiele sind. Funkwellen werden in weiter Entfernung von der Quelle schwächer, warum also nicht auch ›Hirnwellen‹?

Die Abnahme mit wachsender Entfernung ist im Grunde nur eine Folge der Energieerhaltung. Eine Quelle sendet ein Signal mit einer bestimmten Energie aus, und wenn sich dieses Signal im Raum ausbreitet, muss die vom Signal mitgeführte Energie pro Flächeneinheit abnehmen. Daran führt kein Weg vorbei. Die Energieerhaltung ist nicht nur bis zur n-ten Dezimalstelle überprüft und bestätigt worden, sondern wir verstehen jetzt – was vielleicht wichtiger ist –, dass die Energieerhaltung aus der Tatsache folgt, dass sich die Naturgesetze nicht mit der Zeit ändern.

Mir scheint, dass Hollywood diese vernünftige Idee im Großen und Ganzen erfasst hat. In *Star Trek* muss Spock beispielsweise die Person berühren, deren Gedanken er liest, und Deanna Troi muss sich in der Nähe von jemandem befinden, um seine Gefühle wahrnehmen zu können; sogar der Täter, der die ESP-Vergewaltigungen in der Next-Generation-Episode ›Geistige Gewalt‹ ausführt, musste sich anscheinend auf demselben Raumschiff wie sein Opfer befinden. Der gefangene Alien in *Independence Day* musste sich anscheinend ebenfalls im selben Zimmer wie seine Opfer befinden, ehe er sie mit psychischen Mitteln töten konnte. (Andernfalls bräuchten sie sich natürlich nicht die Mühe zu machen, mit Raumschiffen herzukommen, wenn sie von ihrem Heimatplaneten aus jeden erledigen könnten.) Und die unheimlichen Kinder in dem SF-Klassiker *Das Dorf der Verdammten* spüren unsere feindseligen Gedanken nur, wenn wir uns in der Nähe befinden. Manche der beklopteren Fernsehshows scheinen in letzter Zeit von diesem Prinzip abzukommen – aber sie sind halt bekloppt.

Jedenfalls folgten einige ESP-Forscher der Bemerkung Einsteins und suchten nach einem Distanzeffekt, fanden jedoch keinen. Aber natürlich haben sie auch nie unwiderlegliche Beweise für ESP selbst gefunden, sodass sich nicht sagen lässt, ob sie mit wachsender Entfernung schwächer wird oder nicht.

Vielleicht wichtiger als die Abhängigkeit von der Entfernung ist die Beziehung zwischen den Vorstellungen von Raum und Zeit, die den Kern der Relativitätstheorie bilden, und den ESP-Themen Hellsehen und Zukunftsschau. Es ist ein Grundsatz der Relativitätstheorie, der immer wieder überprüft und bestätigt worden ist, dass sich kein Signal schneller als das Licht ausbreiten kann. Das bedeutet, dass es einfach unmöglich ist, sofort etwas über weit entfernte Ereignisse zu wissen. Natürlich ist das Licht ziemlich schnell, sodass die irdische Kommunikation dadurch kaum eingeschränkt wird; es würde jedoch Gedankenbotschaften von Bewohnern einer fernen Galaxis ausschließen, wenn die nicht vor zehn Millionen Jahren gelebt haben, falls das Licht von jener Galaxis bis zu uns zehn Millionen Jahre braucht.

Noch wichtiger, dieser Grundsatz der Relativitätstheorie definiert die Natur der Zeit selbst und legt auch die Natur von Ursache und Wirkung fest, die von manchen Vorstellungen im Zusammenhang mit ESP und Zukunftsschau auf den Kopf gestellt wird.

Zurück zu Scully. Man kann überzeugend darlegen, dass der Fluss der Zeit in der Natur *nicht* invariant ist, indem man zur Kenntnis nimmt, wie die Relativitätstheorie Raum und Zeit als verwandte Aspekte des Bildes vom Universum als einer vierdimensionalen Raum-Zeit behandelt. Was mit der Entfernung geschehen kann, kann daher auch mit der Zeit geschehen. Und jeder weiß, dass die Entfernung zwischen New York und Boston von der Route abhängt, die man nimmt. Wenn Sie auf dem Merritt Parkway nach Norden fahren, dann durch Hartfort und ostwärts auf der Massachusetts Turnpike, dann zeigt Ihr Kilometerzähler eine andere Entfernung, als wenn Sie die Interstate 95 entlang der Küste genommen hätten. Doch zwei Leute, die diese unterschiedlichen Reiserouten genommen haben, können sich trotzdem auf einen Drink am selben Ort im Raum treffen – sagen wir, auf dem Prudential-Gebäude im Zentrum von Boston.

Wenn man dieser Logik folgt, warum können dann nicht diese beiden Personen unterschiedliche Routen zwischen zwei Punkten in der Raum-Zeit nehmen, sodass auf der Uhr der einen mehr Zeit vergangen ist als auf der Uhr der anderen? Genau das passiert, wenn eine von den beiden Personen für lange Zeit mit einer schnellen Rakete fortfliegt und dann auf die Erde zurückkehrt, während die andere unterdessen im Sessel sitzt und dieses Buch liest. Es versteht sich von selbst, dass für meine Leserin die Stunden wie Minuten und die Tage wie Stunden verfliegen werden – doch wenn sie schließlich auf ihre Uhr schaut, wird sie feststellen, dass die normale Menge an Zeit vergangen ist. Ihr Freund im Raumschiff, der mit sehr hoher Geschwindigkeit fliegt, hat auch eine Uhr, und die geht langsamer als die Uhr auf der Erde. In dieser Version von Einsteins klassischem Zwillingsparadoxon, das die Studentin Dana Scully untersucht hatte, können für den Raketenreisenden die Tage, die seine Freundin auf der Erde verbringt, *wirklich* Stunden sein. Wenn sie sich wieder treffen, wird sie ein paar Tage mehr gealtert sein als er.

Diese Beobachter reisen aber wenigstens beide vorwärts in der Zeit. Was das Zurückreisen angeht, so hat Stephen Hawking eine viel sagende Begründung für seine Unmöglichkeit angeführt: Wenn es möglich wäre, sagt er, würden wir von Touristen aus der Zukunft überschwemmt! Ich halte das für ein wunderbares Argument (obwohl ich einmal entgegnet habe, sie würden alle in die Sechzigerjahre zurückreisen, wo sie niemandem auffallen).

Shirley MacLaine hat sich ebenfalls der Zeitreise zugewandt. In *Zwischenleben* schreibt sie: »In einem Déjà-vu bekommt man eine Überlagerung von einer zurückliegenden Lebenserfahrung oder auch von einer künftigen... Das ist es, was Einstein gesagt hat.« Das nicht gerade, doch Shirley bringt uns auf ein wichtiges Thema. Wenn Hellsehen, Zukunftsschau oder auch nur bestimmte Formen außersinnlicher Wahrnehmung (Mitteilungen von fernen Zivilisationen beispielsweise) existieren würden, würden sie ein radikales Umdenken bezüglich dessen erfordern, was wir mit Raum und Zeit meinen – ein Umdenken, das notgedrungen unsere übrige Erfahrung der physischen Welt heftig ändern würde. In die Zukunft zu schauen, heißt, dass in gewissem Sinne die Zukunft schon geschehen ist. Mehr noch, die Zukunft zu ›sehen‹, bedeutet, dass irgendwie ein Signal aus der Zukunft ›zurückgesickert‹ ist.

Obwohl es nicht sehr oft festgestellt wird, bringen Hellsehen und Zukunftsschau die gleiche Art Paradoxa mit sich wie die gewöhnliche Version der Zeitreise. Der übliche Kopfzerbrecher ist das Großmutter-Paradoxon: Nehmen wir an, Sie reisen zurück in der Zeit und bringen Ihre Großmutter etliche Jahre, ehe Ihre Mutter geboren wurde, um. Dann könnten Sie jetzt nicht existieren. Doch wenn Sie jetzt nicht existieren, wie könnten Sie dann überhaupt in der Zeit zurückreisen?

Nun, ich kann mir eine Version dieses Paradoxons denken, die für Hellsehen und Zukunftsschau gilt. Nehmen wir an, Sie fangen irgendwie die künftigen Gedanken Ihrer noch nicht geborenen Urenkelin auf, und was sie da erfahren, ist Ihnen eine Warnung, den Mann nicht zu heiraten, den Sie heute im Bus getroffen haben. Ihre künftige Urenkelin hat anscheinend in alten Familienbriefen gelesen, dass Sie sich Hals über Kopf in ihn verknallt und ihn geheiratet haben, und später hat er sie regelmäßig verprügelt. Wenn er Sie also am nächsten Tag anruft und einlädt, sagen Sie nein und sehen ihn nie wieder. Daher haben Sie keine Kinder, keine Nachkommen von ihm, und diese Urenkelin kann nicht existieren. Doch wenn sie nicht existieren kann, wie haben Sie dann ihre Gedanken aufgefangen? Das Problem ist im Falle von Hellsehen und Zukunftsschau ebenso klar wie in den Fällen, wo Menschen aus der Zukunft in die Vergangenheit geschickt werden: Wenn der Terminator seinen Auftrag, Sarah Connor zu ermorden, erfüllt hätte, wäre es überhaupt nicht nötig gewesen, ihn in die Vergangenheit zu schicken; wenn in *Zurück in die Zukunft* McFlys Nemesis mit Wetten auf Sportereignisse, deren Ergebnisse er aus der Zukunft mitgebracht hatte, reich geworden wäre, dann wäre er nie der Penner gewesen, der in der Zukunft in der Nähe des Zeitreise-Autos herumlungerte, mit dem er in die Vergangenheit reiste, um sein Finanzimperium zu gründen.

Schön, sagen Sie, das ist einfach: Es war Ihre Urenkelin, aber nicht ein Nachkomme aus der Ehe mit diesem Mann! Schön, wenn das der Fall ist, woher weiß sie dann, dass er Sie geschlagen hat? Ah-hm, versuchen wir es also anders. Sagen wir, in der Zukunft ist sie Ihre Urenkelin, doch in dem Augenblick, wo Sie nein zu ihm sagen, hört sie auf zu existieren, denn nun hat sich die Zukunft verändert. Doch aus der Sicht der Zukunft liegt Ihr ›Heute‹ weit zurück. Daher gibt es keine sinnvolle Interpretation, nach der die Zeiten, *bevor* und *nachdem* Sie ihre Gedanken empfangen haben, sich in einem Verhältnis eins zu eins zu den Zeiten befinden könnten, *bevor* und *nachdem* Ihre Urenkelin erfährt, dass Ihr Mann sie geschlagen hat. Die Ereignisse, die ihrem Telefongespräch mit dem Herrn unmittelbar vorausgingen und folgten, ereigneten sich, lange bevor Ihre Urenkelin geboren wurde. Wie also kann sich ihre Existenz in der Zukunft wegen etwas ändern, das heute geschieht? Es wäre eine unheimliche Welt, wenn fortwährend Leute wegen etwas, das viele Jahre zurückliegt, plötzlich zu existieren anfangen oder aufhören.

Wir scheinen zu glauben, dass es zulässiger ist, in der Zukunft herumzupfuschen, als in der Vergangenheit, doch wenn man es recht bedenkt, sind die Probleme im Grunde die gleichen – insbesondere, wenn Zukunft und Vergangenheit sich berühren, wie es bei Fällen von Zukunftsschau geschehen muss. Eigentlich ist es in gewissem Sinne wirklich gleichwertig, ob man die Zukunft sieht oder in der Zeit zurückkreist, denn damit man ein Ereignis in der Zukunft sehen kann, muss ein Signal von dort in der Zeit zurückkreisen.

In Wahrheit geht es hier um Ursache und Wirkung. Ein sinnvolles Universum, das von den Gesetzen der Physik beschrieben werden kann, ist eins, in dem die Ursachen immer den Folgen vorangehen und nicht umgekehrt. Wenn also Physiker in der Realität überlegen, ob ein Universum mit Zeitreise physikalisch möglich ist, achten sie sorgsam darauf, dass Ursache und Wirkung erhalten bleiben.

Wenn beispielsweise Zeitreisen möglich sind (etwa durch Wurmlöcher in der Raum-Zeit), dann ist eine Reise *hin und zurück* möglich. Das heißt, dass man potenziell bestimmte Szenen immer wieder von neuem durchleben kann. Es gibt einige Episoden in *Star Trek*, wo das geschieht. Die entscheidende Frage ist: Ist man dieselbe Person wie beim ersten Mal, als man die Szene durchlebte, oder erinnert man sich an die vorangehenden Durchläufe? Wenn man sich erinnert, kann man sein Verhalten ändern; eben das passiert in der Next-Generation-Episode ›Déjà Vu‹, wo es der *Enterprise*-D schließlich gelingt, den Zusammenstoß mit der *Bozeman* zu vermeiden. Das heißt jedoch, dass Ursache und Wirkung auf der Strecke bleiben, da man etwas über ein Ereignis erfahren hat, das einem noch nicht widerfahren ist. Wenn Ursache und Wirkung auf der Strecke blieben, müssten die Gesetze der Physik – von denen jedes einzelne, sogar die Quantenmechanik, auf der *Kausalität* beruht – modifiziert werden. Das ist etwas viel verlangt für ein bisschen Zukunftsschau.

Statt dessen könnte man sich eine Welt vorstellen, in der zwar Zeitreisen möglich sind, die Kausalität aber weiterhin gewahrt bleibt und künftige Ereignisse vergangene nicht beeinflussen können. Ganz wie im Fall jener, die nicht aus der Geschichte lernen und daher dazu verdammt sind, sie zu wiederholen, laufen in solch einem Universum in einer ›geschlossenen zeitartigen Kurve‹ dieselben Ereignisse immer wieder ab, sodass man die Vergangenheit nicht ändern kann, so sehr man es auch versucht. Wenn man beispielsweise in der Zeit zurückkreist, um Hitler zu töten, bevor er der Führer wurde, stolpert man im entscheidenden Moment, oder die Pistole geht nicht los. Ungeachtet seiner diversen psychedelischen

Passagen wird der Zeitreise-Film *The Twelve Monkeys* diesem geheiligten Prinzip gerecht. Einmal sagt der von Bruce Willis dargestellte Held, der in der Zeit zurückgereist ist, man brauche sich wegen seiner Anwesenheit in dieser Zeit keine Sorgen zu machen, da ein Zeitreisender die Geschichte nicht verändern könne. In der Tat ist der Tod des Helden in dem Film ein klassisches Beispiel für eine geschlossene zeitartige Kurve. (Damit sollen die Unstimmigkeiten des Films nicht entschuldigt werden, doch ich bin nicht bereit, deshalb mit der Arbeit an *Die Physik von Twelve Monkeys* zu beginnen.)

In einer Welt, die solche zeitartigen geschlossenen Kurven enthält, könnte man die Vergangenheit nicht verändern, und aus demselben Grund könnte man auch die Zukunft nicht ändern. Doch das ist eine ziemlich langweilige Sicht auf die Zeitreise, und einige Leute haben versucht, sie zu widerlegen, um ein interessanteres und dramatischeres Universum zu bekommen. (Ich stelle mir gern einen von ihnen als Gutachter im Prozess von O. J. Simpson vor, um die Version der Verteidigung zu stützen, die wahren Mörder seien Zeitreisende gewesen, während Johnnie Cochran singt: »If you can travel in time, there was no crime!«) Jeder, der ernsthaft an Zukunftsschau glaubt, sieht sich den beiden Fragen gegenüber: 1. Wie reist das Signal mit der Information durch die Zeit zurück? 2. Wie geht man mit Ursache und Wirkung um?

Eigentlich habe ich das Thema Zeitreise in erster Linie angeschnitten, um ein Argument à la Hawking auf die verwandten Themen von ESP, Hellsehen und Zukunftsschau anzuwenden. Mir scheint, die stärkste Einschränkung erfahren solche Phänomene durch die Tatsache, dass Bill Gates der reichste Mann in Amerika ist. Ich werde das Argument jetzt darlegen, für den Fall, dass es nicht offensichtlich ist.

Betrachten Sie die folgende aktuelle Version eines angeblich positiven ESP-Testergebnisses. Bei diesem Experiment konnte eine Versuchsperson in 947 von 4050 Fällen richtig erraten, welches von fünf verschiedenen Kartenmustern sich oben auf einem Kartenstapel befand, von dem nur die Rückseite zu sehen war. Da es fünf mögliche Fälle gibt, sollte man erwarten, dass in einem Fünftel aller Fälle richtig geraten wird, was eine zu erwartende Trefferzahl von 4050 : 5 = 810 ergibt. Die Wahrscheinlichkeitstheorie besagt, dass eine Anzahl von 947 – 810 = 137 Treffern über dem zu erwartenden Wert im Durchschnitt nur einmal vorkommt, wenn das Experiment zwanzig Millionen Mal wiederholt wird. Später wurde das Experiment als fehlerhaft entlarvt, doch dabei will ich mich hier nicht aufhalten; der springende Punkt ist, dass sogar ESP-Kandidaten nicht in hundert Prozent aller Fälle auf die richtige Antwort kommen.

Doch nehmen wir an, dass im Durchschnitt ein Kandidat zehn Prozent häufiger die richtige Antwort errät, als es nach den Wahrscheinlichkeitsgesetzen der Fall sein müsste. Dann kann das folgende Experiment durchgeführt werden: Lassen Sie den Kandidaten die 100 Aktien benennen, die die besten Chancen haben, am folgenden Tag zu steigen. Die Zufallswahrscheinlichkeit besagt Folgendes: Wenn der Markt im Ganzen stabil bleibt, werden von den ausgewählten Aktien 50 steigen und 50 fallen. Doch ein guter ESP-Kandidat kann dieses Verhältnis zu 55:45 verschieben. Solange der Aktienmarkt nicht insgesamt fällt, ist man sicher, jeden Tag Geld gewinnen zu können. Nehmen wir an, man vergrößert auf diese Weise sein Vermögen täglich um ein Prozent. Wenn man mit einem Einsatz von 100 $ angefangen hat, kommt man auf diese Weise in fünf Jahren auf 7 700 291 200 $.

Man kann sicherlich an den Einzelheiten des obigen Beispiels herumkritteln, doch der springende Punkt ist, dass sogar eine schwache Fähigkeit, die Chancen in irgendeinem Bereich positiv zu beeinflussen, einem einen gewaltigen Vorteil im Leben einbringt. Die Tatsache, dass wir nicht oft Fälle von derart übertriebenem und anscheinend mühelosem Gewinn sehen, ist kein besserer Beweis gegen ESP und Zukunftsschau als Hawkings Argument gegen Zeitreisen in die Vergangenheit. Denn er weist nachdrücklich darauf hin, dass es entweder a) so etwas wie außersinnliche Wahrnehmung, Hellsehen und Zukunftsschau nicht gibt, oder dass b) alle Leute, die über solche Fähigkeiten verfügen, diese und ihr Geld geheim halten.

ZWÖLF

....

Aller guten Dinge...

Ich bin stark auf Draht,
denn ich ess' mein' Spinat.

Popeye der Matrose

Der neue Film *Phenomenon* (Phenomenon – Das Unmögliche wird wahr) hat mir sehr gut gefallen – etwa zwei Drittel des Streifens lang. In dem Film spielt John Travolta einen sympathischen unschuldigen Kleinstädter, der plötzlich auf eine neue Daseinsebene katapultiert wird, nachdem er einen Lichtblitz am Himmel gesehen hat. Danach stellt er fest, dass seine geistigen Fähigkeiten Tag für Tag zunehmen: Er kann innerhalb von Stunden Fremdsprachen lernen, in Minuten Bücher lesen und so weiter. Seine Reaktion und die Reaktionen seiner Umgebung sind unterhaltsam, das Geheimnis, warum das alles geschah, ist spannend. Einmal geht er in die Praxis seines Landarztes, um sich untersuchen zu lassen. Wie nicht anders zu erwarten, glaubt ihm der Arzt nicht, bis Travolta seine Fähigkeiten demonstriert. Er zeigt auf einen Schreibstift auf dem Tisch des Doktors, konzentriert sich... und der Stift rutscht über den Tisch in seine Hände!

Wann immer wir uns superintelligente Wesen vorstellen, scheinen wir ihnen als eine der ersten Eigenschaften die geistige Beherrschung der Materie zuzuschreiben, die Fähigkeit, über unbelebte Gegenstände zu gebieten. Das wiederum scheint eine sinnvolle Extrapolation unserer Erfahrung zu sein: Es besteht kaum Zweifel, dass unser Geist über unsere eigene Materie gebieten kann. Damit meine ich nicht nur, dass unser

Gehirn die Bewegungen unseres Körpers bestimmt, sondern dass wir anscheinend auch feinere Aspekte unserer Physiologie beeinflussen können – unsere Herzfrequenz, unseren Blutdruck, unsere Schmerzschwelle, manchmal sogar das Tempo, in dem wir uns von einer Krankheit erholen. Könnte daher nicht eine überlegene Intelligenz über Dinge *außerhalb* des Körpers gebieten, an den sie gebunden ist?

Natürlich sind es nicht immer überlegene Intelligenzen, die imstande sind, Telekinese durchzuführen. Eins meiner Lieblingsbeispiele kommt in der klassischen *Star Trek*-Episode ›Platos Stiefkinder‹ vor. Die Bewohner des Planeten Platonius, einer unangenehmen Gesellschaft, die sich auf die Lehren Platos gründet, hat nach dem Genuss einheimischer Pflanzen, die die seltene und starke chemische Verbindung ›Kyronid‹ enthalten, telekinetische Fähigkeiten entwickelt – das heißt alle bis auf Alexander, der infolge eines Hormonmangels der Hirnanhangdrüse kein Kyronid aufnehmen kann. Da er nicht über telekinetische Kräfte verfügt, ist Alexander den anderen Platoniern auf Gedeih und Verderb ausgeliefert und von ihnen gezwungen worden, den Hofnarren zu machen. Kirk und die übrige Besatzung werden von einem Notruf zu dem Planeten gelockt und ebenfalls gezwungen, nach der Pfeife der Platonier zu tanzen. Wie schwach die Handlung auch hinsichtlich der biochemischen Fakten sein mag, eins ist zumindest gut erfasst: Ob nun Kyronid oder etwas anderes, etwas muss die Energie für den Prozess der Telekinese liefern.

Es mag Sie überraschen, wenn Sie feststellen, wie viel Energie tatsächlich benötigt wird. Sagen wir, Sie wollen etwas Einfaches tun, einen Stift vom Tisch hochheben oder ihn über den Tisch in die Hände gleiten lassen. Wenn der Stift etwa 100 Gramm wiegt, dann beträgt die benötigte Energie, um ihn vielleicht einen Meter über den Tisch zu heben oder ihn zu sich her zu ziehen, etwa 1 Joule. Um so viel Energie in, sagen wir, einer Sekunde umzusetzen, muss eine Leistung von einem Watt auf den Stift wirken. Das scheint nicht viel zu sein, doch wenn der Stift zu Ihnen hinzeigt, bietet er Ihnen eine Querschnittsfläche von ungefähr einem Quadratzentimeter dar. Wenn er sich in einer Entfernung von einem Meter befindet, dann macht das Ziel nur ungefähr ein Hunderttausendstel von der Oberfläche einer Kugel mit einem Radius von einem Meter aus. Wenn Sie also ein Signal aussenden würden, das sich in alle Richtungen gleichmäßig ausbreitet, dann müssten Sie, damit ein Watt Leistung bei dem Stift ankommt, 100 Kilowatt ausstrahlen – mehr als die Sendeleistung der meisten Großstadt-Radiostationen!

Wenn Sie allerdings imstande wären, ihr Signal wie ein Laser zu bündeln, wären die Energieanforderungen geringer, doch angesichts der Geometrie Ihres Kopfes (wenn der die Quelle Ihres Signals ist) dürfte es kaum möglich sein, die Streuung des Signals um mehr als den Faktor 100 oder 1000 zu verringern. Es müssten also noch mindestens 100 W Leistung erzeugt und abgestrahlt werden. Diese Aufgabe wäre, wie wir Physiker sagen, nichttrivial. Hundert Watt sind ungefähr die Gesamtmenge an Leistung, die Ihr Körper umsetzt, wenn Sie Ihren normalen alltäglichen Aktivitäten nachgehen.

Doch abermals deutet die Science Fiction eine mögliche Lösung an. Als Obi-Wan Kenobi Luke ermahnt, die Macht zu benutzen, geht er offensichtlich davon aus, dass im Raum ringsum eine Energie verfügbar ist und man lernen kann, sie anzuzapfen. Und Obi-Wan ist damit nicht allein. Viele SF-Themen basieren darauf, dass die Ressourcen des leeren Raumes angezapft werden. Nun mag das grotesk klingen: Wie kann der leere Raum Energie enthalten, die man anzapfen könnte? Doch tatsächlich ist die Frage, ob der leere Raum Energie enthält oder nicht, eine der wichtigsten in der modernen Physik.

Eine faszinierende Erkenntnis der Physik des 20. Jahrhunderts ist es, dass der leere Raum – und damit meine ich *wirklich* leeren Raum, in dem es weder Materie noch irgendwelche Strahlung wie Radiowellen und dergleichen gibt – nicht leer ist. Das zentrale Gesetz der Quantenmechanik (welches, wie ich in

meinem vorangehenden Buch dargelegt habe, Gene Rodden-
berrys Transporter unmöglich macht) ist Heisenbergs Unschärferelation. Im Verein mit der Speziellen Relativitätstheorie folgt
daraus, dass der leere Raum mit etwas angefüllt ist, das man
›virtuelle Realität‹ nennen könnte. Die Unschärferelation besagt, dass es wegen Korrelationen zwischen verschiedenen Paa-
ren physikalischer Größen wie Ort und Impuls oder Zeit und
Energie – Korrelationen, die sich nur auf Quantenniveau und
nicht in der klassischen makroskopischen Welt zeigen – unmöglich ist, beide Größen in solch einem Paar gleichzeitig genauer als mit einer bestimmten Unschärfe zu messen. So ist es
unmöglich, gleichzeitig Ort und Impuls eines Teilchens genau
zu messen. Ebenso kann man, wenn man ein System über
einen bestimmten Zeitraum hinweg misst, niemals seine Energie exakt feststellen, dazu wäre es erforderlich, das System über
eine unendlich lange Zeit zu messen.

Einsteins Spezielle Relativitätstheorie sagt uns, dass sich Systeme, die gemessen werden können, langsamer als mit Lichtgeschwindigkeit bewegen müssen. Da die Uhren in jedem System langsamer gehen, wenn es sich der Lichtgeschwindigkeit
nähert, kann man mathematisch zeigen, dass, wenn sich ein
System mit Überlichtgeschwindigkeit bewegt, seine Uhren *rückwärts* laufen. Obwohl es keinen Grund gibt, an die Existenz
überlichtschneller Objekte zu glauben, haben sie einen Namen:
Tachyonen – von dem *Star Trek* recht freizügig Gebrauch macht.
(Verschiedene Wesen senden Tachyonen aus, und sie werden
mit getarnten Romulaner-Schiffen in Verbindung gebracht.)

Wenn wir Heisenbergs Unschärferelation mit der Relativität
kombinieren, folgt aus beiden, dass leerer Raum nicht leer zu
sein braucht. Der Gedankengang – den ich abermals bei Richard Feynman entlehne – ist konsequent, wenn auch etwas wild.
Zunächst einmal sagt uns die Unschärferelation, dass es im Bereich sehr kurzer Strecken und Zeiträume – da wir den Impuls
des Teilchens nicht exakt messen können – nichts gibt, was das
Teilchen daran hindert, sich einen Moment lang schneller als

Licht zu bewegen. Doch wenn es das tut, muss es sich so verhalten, als bewege es sich in der Zeit zurück. Wenn es sich aber so verhält, als ob es sich in der Zeit zurück bewegte, muss es an sich selbst vorbeikommen, da es sich noch vorwärts in der Zeit bewegte. Wenn es dann langsamer wird und sich wieder vorwärts in der Zeit bewegt, muss es an sich selbst vorbeikommen, als es sich eben noch zurück bewegte. Das heißt, wenn ich mit einem Teilchen beginne, existieren für einen kurzen Zeitraum drei (fast) identische Teilchen nebeneinander: 1. das ursprüngliche Teilchen, 2. das Teilchen, während es sich in der Zeit rückwärts bewegt, 3. das Teilchen, das sich, nachdem es langsamer geworden ist, wieder vorwärts bewegt.

Ich füge in Klammern das ›fast‹ ein, weil sich Folgendes zeigt: Wenn das ursprüngliche Teilchen eine elektrische Ladung hat, verhält es sich während der Reise zurück in der Zeit wie ein Teilchen mit der entgegengesetzten Ladung, das in der Zeit vorwärts reist. Wenn man also mit einem Proton beginnt, hat man für einen Moment zwei Protonen (die beide in der Zeit vorwärts reisen) und ein Anti-Proton. Das ist genau der Gedankengang, der vor gut siebzig Jahren zu der Vorhersage führte, das Antiteilchen existieren müssen. Nach einer Weile hat man wieder nur ein Proton. Für einen Beobachter, der sich in der Zeit vorwärts bewegt (wenn man die Teilchen direkt beobachten *könnte*, was man natürlich nicht kann, weil sich dann das Teilchen überhaupt nicht schneller als das Licht und folglich auch nicht rückwärts in der Zeit bewegen könnte), würde es so aussehen, als hätte man zunächst ein Proton und als würde dann plötzlich aus dem Nichts ein Proton-Antiproton-Paar auftauchen, um gleich darauf wieder zu verschwinden.

Dieses ganze Szenario wirkt zu phantastisch, um wahr zu sein, doch es ist wahr. Sie könnten fragen, woher man das weiß, da ja definitionsgemäß der ganze Vorgang unsichtbar sein soll. Nun, wir können zwar die drei Teilchen nicht direkt sehen, doch wir können ihre Anwesenheit feststellen. Beispielsweise ist das von drei Teilchen erzeugte elektrische Feld ein wenig anders als das von einem Teilchen erzeugte, obwohl die elektrische Gesamtladung dieselbe ist. (Das Proton-Antiproton-Paar hat eine Gesamtladung von Null.) Wenn also das fragliche Proton der Kern eines Wasserstoffatoms ist, wird das diesen Kern umkreisende Elektron von einem geringfügig anderen elektrischen Feld beeinflusst, als es sonst der Fall wäre, und die Energieniveaus des Elektrons werden auf berechenbare Weise verändert. Es war einer der großen Erfolge der Elementarteilchen-Physik der Nachkriegszeit, dass diese kleine Änderung sowohl berechnet als auch gemessen werden konnte. Zudem stimmt die theoretisch vorhergesagte Wirkung dieser Teilchen-Antiteilchen-Paare – die virtuelle Teilchen genannt werden, weil man sie nicht direkt beobachten kann – exakt, nämlich mit einer Genauigkeit von mehr als neun Dezimalstellen, mit dem experimentell gemessenen Wert überein.

Wenn der leere Raum von einem brodelnden Chaos virtueller Teilchen-Antiteilchen-Paare erfüllt ist, die im Handumdrehen spontan auftauchen und wieder verschwinden, dann folgt daraus, dass in der Welt der Quanten der leere Raum tatsächlich Energie enthalten kann. Eigentlich müsste er das im Allgemeinen sogar. Wir wissen beispielsweise Folgendes: Während sich das Universum weiterentwickelte und abkühlte, veränderte sich die Energie des leeren Raums – oder des Vakuums, wie er für gewöhnlich genannt wird – zusammen mit der Temperatur, und es fanden mehrere so genannte Phasenübergänge statt, in deren Ergebnis das Universum so aussieht, wie wir es heute vorfinden. Es ist also natürlich anzunehmen, dass sogar heute das Vakuum nennenswerte Energie enthält.

Und das ist ein Rätsel. Wenn der leere Raum nennenswerte Energie enthält, dann würde diese Energie Gravitationseffekte erzeugen, die die Ausdehnung des Universums verändern würden. Doch die Beobachtung der Ausdehnung setzt eine enge Obergrenze für die Energiemenge, die dem leeren Raum zugeschrieben werden kann – eine unglaublich enge Obergrenze:

eine Milliarde Milliarden Milliarden Milliarden Milliarden Milliarden Milliarden Milliarden Milliarden Milliarden Milliarden Milliarden Milliarden Milliarden Mal kleiner, als es die meisten Theoretischen Physiker anhand unserer Vorstellungen von der grundlegenden Teilchenphysik berechnen würden.

Dieses Rätsel – warum dem leeren Raum nicht sehr viel mehr Energie zuzuschreiben ist, als die Beobachtungen erlauben – ist als Problem der kosmologischen Konstante bekannt geworden, und es ist wahrscheinlich das schwerwiegendste numerische Rätsel der gesamten Physik. Ohne Zweifel werden die Versuche, es zu lösen, zu einem tieferen Verständnis der fundamentalen Gesetze führen, die das Universum regieren.

Der Name dieser Vakuumenergie – die kosmologische Konstante – bezieht sich auf eine theoretische Spekulation Einsteins, die er später verwarf. 1916, als er seine Allgemeine Relativitätstheorie entwickelte, erkannte er, dass sie, wenn sie eine Theorie der Gravitation sein sollte, auf das Universum als Ganzes anwendbar sein müsste. Der damalige Kenntnisstand sprach für ein statisches Universum; es gab jedoch keine Lösung für die Gleichungen der Allgemeinen Relativitätstheorie, die ein statisches Universum zuließ, wenn nur die normale Materie existierte. Der Grund war einfach. Normale Materie zieht andere Materie an. Wenn man Materie zufällig in Form von Sternen und Galaxien über das ganze Universum verteilt, wird die Gravitationskraft zwischen diesen Systemen das Gesamtsystem langsam und unweigerlich nach innen zusammenstürzen lassen. Einstein erkannte bald, dass ein Ausweg aus diesem Problem darin bestand, seinen Gleichungen ein Glied hinzuzufügen: die kosmologische Konstante, die eine Art kosmische Abstoßung zwischen Materie über große Entfernungen darstellte. Indem durch diese Abstoßung die normale Anziehung durch die Gravitation ausgeglichen wurde, konnte man zu einer statischen Lösung von Einsteins Gleichungen gelangen – einer Lösung, die, wie Einstein hoffte, das Universum, in dem wir leben, beschreiben würde.

Wenig mehr als ein Jahrzehnt nach dieser Annahme legten Edwin Hubble und andere jedoch überzeugend dar, dass sich das Weltall ausdehnt. In einem expandierenden Universum besteht keine Notwendigkeit für eine kosmologische Konstante, da allein schon die Gravitation die Ausdehnung verlangsamen kann. Sobald Einstein von der Ausdehnung erfuhr, schaffte er die kosmologische Konstante ab und nannte sie eine ›Eselei‹. Das Problem ist nur, dass wir jetzt erkennen, dass es nicht an ihm war, sie abzuschaffen. Die Vakuumenergie, die den von mir geschilderten virtuellen Teilchen zuzuschreiben ist, würde genau das Glied in den Gleichungen ergeben, das Einstein willkürlich eingefügt hatte. Das Problem ist also jetzt zu verstehen, warum dieses Glied in Einsteins Gleichungen, das, wie wir heute wissen, unverzichtbar ist, den Beobachtungen zufolge um 125 Zehnerpotenzen kleiner sein muss als den Berechnungen zufolge, wie sie von der Teilchenphysik nahe gelegt werden.

Nun könnten Sie sagen – und manche Physiker tun das –, wenn die Obergrenze für die zulässige Energie so klein ist, warum dann nicht einfach annehmen, dass sie gleich Null sei, und zwar einem noch nicht bekannten physikalischen Gesetz zufolge? Das kann die Lösung des Problems sein. Bisher hat jedoch noch niemand ein überzeugendes Argument gefunden, warum diese Vakuumenergie gleich Null sein soll. Mehr noch – und meiner Meinung bedeutsamer: Es gibt zunehmende kosmologische Indizien dafür, dass die Energiedichte des Vakuums vielleicht nicht exakt gleich Null ist. Zusammen mit meinem Kollegen Michael Turner von der University of Chicago verfechte ich seit über einem Jahrzehnt diese einst völlig ketzerische Idee. Wer weiß? Sie könnte sogar wahr sein. Wenn ja, dann könnten mehrere grundlegende Rätsel der modernen Kosmologie gelöst werden.

Doch obwohl wir kosmologische Paradoxa klären könnten, würden wir damit neue Probleme für die Teilchenphysik aufwerfen. Niemand hat eine plausible Erklärung dafür, weshalb die kosmologische Konstante gleich Null sein sollte, doch zumindest kann man sich plausible neue physikalische Argumente dafür vorstellen. Wenn die kosmologische Konstante statt dessen sehr klein ist, werden wir alle eine Menge Hausaufgaben machen müssen.

Wie schon erwähnt, habe ich während der Arbeit an diesem Buch eine Reihe der bekanntesten Theoretischen Physiker auf dem Gebiet der Teilchentheorie und der Allgemeinen Relativitätstheorie gefragt: Wenn es eine einzige Frage hinsichtlich des Universums gäbe, auf die Sie die Antwort erhalten möchten, welche wäre es? Die Fragen, die mir genannt wurden, waren bemerkenswert vielfältig und tief. Unter den Leuten, die ich fragte, war auch Edward Witten, ein brillanter mathematischer Physiker, der derzeit am Institute for Advanced Study in Princeton arbeitet. Witten arbeitet über die String-Theorie, ein Gebiet der Physik, das ursprünglich entwickelt wurde, um die fundamentalen Paradoxa zu behandeln, die entstehen, wenn man versucht, Quantenphysik und Gravitation in Einklang zu bringen, und von der viele Leute hoffen, dass sie die Vereinheitlichte Theorie hervorbringen wird, die alle bekannten Naturkräfte umfasst. Seine Antwort überraschte mich. Ich hatte erwartet, er würde wissen wollen, ob die String-Theorie die reale Welt beschreibt; stattdessen sagte er, er wolle wissen, ob die kosmologische Konstante gleich Null ist und warum bzw. warum nicht. Im Nachhinein ist das verständlich: Jede vereinheitlichte Feldtheorie oder Theory of Everything, wie sie im Englischen genannt wird, muss sich zu diesem grundlegenden Thema äußern.

Doch kommen wir zu der Frage zurück, um die es bei John Travolta und Luke Skywalker geht. Könnte das Vakuum, wenn es wirklich Energie enthält und wenn diese Energie in geeigneter Weise angezapft werden kann, eine Energiequelle von der Art darstellen, wie sie dem alte Obi-Wan vorschwebt? Ich habe in diesem Kontext nicht an das Problem der kosmologischen Konstante gedacht, doch man kann eine einfache Schätzung vornehmen, ausgehend von der maximal möglichen Energie, die in Übereinstimmung mit der beobachteten Ausdehnung des Weltalls als kosmologische Konstante im Vakuum gespeichert sein könnte. Wenn man irgendwie die in einem Kubikmeter Vakuum gespeicherte Energie freisetzen könnte, erhielte man ein Zehnmilliardstel Joule.

Das erlaubt mir einen kurzen Seitenhieb gegen die Transzendentale Meditation des Maharishi Mahesh Yogi. Diese Sekte, die als ziemlich harmloses Häuflein anfing und behauptete, Meditation könne dazu beitragen, dass man sich besser fühlt und besser arbeitet (was wahrscheinlich stimmt), hat im Laufe der Jahre immer größere Versprechen gemacht. Jetzt wird nicht nur behauptet, TM könne einem helfen, zeitweilig zu ›fliegen‹, sondern auch, den Alterungsprozess zu verlangsamen; und wenn genug Menschen transzendentale Meditation betrieben, könnte auch die Kriminalitätsrate sinken. Nun, wenn ein erheblicher Anteil der Weltbevölkerung regelmäßig meditieren würde, könnte die Verbrechensrate durchaus sinken, weil ein Teil der Verbrecher einen Teil der Zeit meditieren würde, statt Verbrechen zu begehen. Fliegen ist aber etwas anderes. Die TM-Sekte ist die einzige mir bekannte Gruppe, die ihre Behauptungen so gründlich an der modernen Physik festmacht. Die TM-Literatur wimmelt von Erklärungen im Jargon der String-Theorie und der Quantenmechanik. Ein Theoretischer Physiker, den ich als Studenten kannte, steht jetzt an der Spitze der Physikalischen Fakultät an der Maharishi-Universität in Iowa und ist einer der führenden Berater des Maharishi selbst. Übrigens hat er zweimal als Kandidat der Natural Law Party* für die Präsidentschaft der Vereinigten Staaten kandidiert.

Jedenfalls habe ich irgendwo die Behauptung gelesen, gerade indem sie die Energie des Vakuums im Universums anzapften, könnten Anhänger der TM kurzzeitig fliegen. Mit der obigen Schätzung der maximalen Vakuumenergie komme ich zu dem

---

* Die ›Naturgesetz-Partei‹ (so die deutschen und österreichischen Ableger) ist der politische Arm der Maharishi-Sekte. – *Anm. d. Übers.*

Ergebnis, dass man, um den Maharishi einen Meter über dem Boden schweben zu lassen, die Energie eines Würfelvolumens anzapfen müsste, das an jeder Seite länger als Manhattan ist

Auf diese Weise einen Stift anzuheben, ist nicht viel einfacher; man muss dazu gerade mal eben zehn Milliarden Kubikmeter Vakuum anzapfen, also den Raum in einem Würfel von gut drei Kilometern Kantenlänge.

Die Macht mag mit uns sein, in Ordnung – aber es hat keine Eile damit!

DREIZEHN

Eines Menschen Maß *

> Da war mal ein Mann, der sprach: »Wahn!
> Ich laufe nach zwingendem Plan
> als Gerät ohne Willen
> in der Vorsehung Rillen,
> ich bin nicht mal ein Bus – eine Bahn!«
>
> *Maurice Evan Hare* **

Trotz gegenteiliger populärer Ansichten werden Kunst und Wissenschaft immer miteinander verflochten sein. Der oben zitierte Limerick entstand 1905. Im Bewusstsein der Öffentlichkeit hatte damals gerade ein neues Jahrhundert des Fortschritts und Wohlstands begonnen, gegründet auf das mechanistische Ideal des 19. Jahrhunderts. Eine gut geführte Welt würde wie ein gut geöltes Uhrwerk laufen. Für manch einen Gelehrten und Dichter war das Universum ein kosmisches Billardspiel – von einem Billard-As angestoßen und seither von selbst endlos weiterlaufend –, bei dem der Lauf der Geschichte ebenso im Voraus festgelegt war wie die Bahn der Kugeln auf dem kosmischen Billardtisch.

Dieses Bild vom Universum war alles andere als zutreffend. Das Jahr 1905 sollte auch das Geburtsjahr der beiden großen Revolutionen in der Wissenschaft des 20. Jahrhunderts sein,

---

* ›Eines Menschen Maß‹ (The Measure of a Man) ist auch der Titel einer *Star Trek*-Episode, die in der deutschen Fassung ›Wem gehört Data?‹ heißt. – *Anm. d. Übers.*

** Deutsch von Bernd Hutschenreuther und Erik Simon.

der Relativitätstheorie und der Quantenmechanik – Revolutionen, die die Art, wie wir über das Weltall und unseren Platz darin denken, für immer verändern sollten. Parallel zu diesen Entwicklungen sollte die Welt innerhalb einer Generation die Auflösung der großen europäischen Ordnung des 19. Jahrhunderts erleben, einen Weltkrieg und eine Weltwirtschaftskrise.

Am Beginn eines neuen Jahrtausends ist die Welt nun ein viel unsicherer Ort als zur vorigen Jahrhundertwende. Nicht zuletzt hat unsere Erfahrung mit der Welt der Physik an den beiden Enden der Größenskala uns gelehrt, das Unerwartete zu erwarten.

Wie wird dieser Wandel in unserer Literatur widergespiegelt, speziell in der Science Fiction? An die Stelle der Straßenbahn von Maurice Hare sind HAL, der übereifrige Computer in *2001: Odyssee im Weltraum*, Data, der fast menschliche Android in *Star Trek*, COS, der mörderische Computer in *Akte X*, und ihresgleichen getreten. Die Frage scheint nicht mehr zu lauten: »Wie sehr ähnelt der Mensch einer vorherbestimmten Maschine?«, sondern: »Wie sehr kann eine Maschine einem Menschen ähneln?«

Ich schreibe dies kurz nach einem Wendepunkt in der Debatte Mensch versus Maschine. Der IBM-Computer Deep Blue hat unlängst den (menschlichen) Schachweltmeister Gari Kasparow besiegt, womit zum ersten Mal der beste menschliche Schachspieler auf dem Planeten in einem Turnier von einem Computer geschlagen wurde. Diese Niederlage war besonders bemerkenswert, weil Kasparow vor dem Kampf öffentlich erklärt hatte, ein Computer würde niemals einen menschlichen Weltmeister schlagen. Nach seiner Niederlage äußerte er gegenüber von Reportern, die Maschine habe Anzeichen von ›Intelligenz‹ gezeigt. Diese in der Öffentlichkeit stark beachtete Begegnung hat in der populären Presse eine Flut von Artikeln ausgelöst, die sich der Frage widmen: Können Computer denken?

Es ist natürlich nicht das erste Mal, dass diese Frage aufgeworfen wird. Seit digitale Computer die Szene betreten haben, fragen sich Menschen, ob Rechner Eigenschaften besitzen, die bisher als ausschließlich menschlich galten. Der Logiker und Computerwissenschaftler Alan Turing hat dieses Thema 1950 in dem Artikel »Kann eine Maschine denken?« behandelt, und Data aus *Star Trek* hat in mehr als einer Episode darüber nachgedacht, insbesondere nachdem ihm ein Emotions-Chip eingebaut wurde.

Jedesmal, wenn ein Computer eine neue Schwelle überschritten und wieder einmal widerlegt hat, dass eine Maschine niemals imstande sein werde, dies oder jenes zu tun, hat die Debatte neuen Auftrieb erhalten. Für manche ist die Annahme, Computer könnten eines Tages Bewusstsein entwickeln, ketzerisch. Diese Menschen verknüpfen das Konzept des Bewusstseins mit ihrem Glauben an die Existenz einer menschlichen Seele, an eine immaterielle Wesenheit, die unser intellektuelles, emotionales und moralisches Sein verkörpert – und somit, wie anzunehmen ist, unser Bewusstsein. In vielen Religionen wird die Seele als unveränderlich und unzerstörbar betrachtet; sie existiert weiter, lange nachdem unsere materiellen Körper zu Staub geworden sind. Ich hatte immer Probleme mit dieser Logik, denn jemandes Bewusstsein – und somit anscheinend die Seele – entwickelt sich allmählich nach der Geburt (oder, wenn Sie die Rechte der Embryonen verfechten, nach der Empfängnis). Wenn ein Bewusstsein geschaffen werden kann, wo zuvor keins vorhanden war, warum sollte es dann nicht mit dem Körper sterben? (Wie ich in meinem vorigen Buch gezeigt habe, passt hierzu gut der Transporter der *Enterprise*: Wenn jede Atomkonfiguration Ihres Körpers an einen anderen Ort transportiert werden kann und Sie dort als dieselbe Person ankommen, sollte damit die Idee, eine immaterielle Seele durchdringe den Körper, erledigt sein. Es sei denn natürlich, dass Sie sich vorstellen, die Seele könne den Körper ausfindig machen, wo immer im Raum er sich befindet; das würde vielleicht erklären, warum es bei *Star Trek* so viele Seelen gibt, die von ihren Körpern getrennt werden und erst nach einer Weile nach Hause finden.)

Eigentlich gibt es mehrere Ideen, die der Vorstellung von einer unveränderlichen individuellen Seele entspringen. Beispielsweise kann man an die Reinkarnation glauben, wonach eine Seele vor der Geburt existiert. Es gibt jedoch eine große zahlenmäßige Anomalie: Gegenwärtig leben mehr Menschen als in der vorangehenden Geschichte des Planeten, wo sind also all die zusätzlichen Seelen hergekommen? Schön, man kann einwenden – wie es manche Religionen und mindestens eine Episoden in *Akte X* tun –, dass manche Seelen von Tieren zu Menschen wandern und so den Überschuss bilden. Manche könnten diese Idee aber abstoßender finden als die Idee, dass Computer ein Bewusstsein und damit eine Seele haben. Abgesehen davon, was ist mit der Evolution? Was ist mit der Zeit, als es hier auf der Erde nichts als Algen gab? Haben Algen Seelen? Nun, ich denke, man kann dieses Problem umgehen, indem man auf den Kosmos verweist – das heißt, vielleicht stammen unsere Seelen von anderen, längst toten Wesen aus anderen Sonnensystemen? Da muss man den Unglauben, wie die Seelen wohl hergekommen sind, ausblenden und sich fragen, ob es einen Seelenerhaltungssatz gibt, sodass die Anzahl der Seelen im Universum zu jedem Zeitpunkt konstant ist.

Oder vielleicht sollte man auf eine Art ›Kollektivbewusstsein‹ verweisen, in dem alle unsere Seelen Teil eines zusammenhängenden Ganzen sind, das überall zugleich existiert und in so viele Teile wie notwendig aufgespalten werden kann. Abgesehen von der Frage, wo sich dieser Vorrat eigentlich befindet und wie solch eine Anordnung mit einem kausalen Universum in Einklang gebracht werden kann, müssen wir schlussfolgern, dass ein Kollektivbewusstsein solche Phänomene wie ESP, Channeling und dergleichen erlauben würde. Doch wie in den Kapiteln 9 und 10 dargelegt, muss man zu diesem Zweck glauben, dass der Mechanismus des Bewusstseins nicht physikalischer Natur ist, denn es scheint keinen physikalischen Mechanismus zu geben, der ESP vermitteln könnte. Die Tatsache, dass der Vorgang des Denkens selbst mithilfe empfindlicher Magnetometer festgestellt werden kann, weist darauf hin, dass zumindest einige Aspekte des bewussten Denkens – und somit wohl auch des Bewusstseins selbst – physikalisch sind.

Man kann sich dann auf die (buchstäblich) letzte Zuflucht der Religion berufen – nämlich dass Seelen im Himmel wohnen, an einem Ort, der auf der menschlichen Ebene unerreichbar ist – und der Ansicht sein, dass die Seele wie Gott und der Himmel außerhalb der physikalischen Gesetze existiert und nicht einmal in deren Begriffen beschrieben werden kann. Gegen diesen Standpunkt lässt sich nichts einwenden, weil er von vornherein nicht überprüfbar ist; man muss ihn auf der Grundlage des Glaubens akzeptieren oder ablehnen. Doch es lohnt sich zu unterstreichen, dass sich auf den Glauben zu berufen wahrscheinlich die einzige Möglichkeit ist, den verschiedenen logischen Fallstricken auszuweichen, denen sich die Verfechter einer dem menschlichen Bewusstsein aufgepfropften unveränderlichen Seele gegenüber sehen.

Wenn wir nun zeigen können, dass der Ursprung des Bewusstseins durchweg biophysikalischer Natur ist, ist das das Ende der menschlichen Seele? Nein, das glaube ich nicht. Wenn sich die Wissenschaft entwickelt, müssen sich grundlegende religiöse Glaubenssätze weiterentwickeln, um brauchbar zu bleiben. Als nachgewiesen wurde, dass die Erde nicht der Mittelpunkt des Weltalls ist, überstand die katholische Kirche diesen Schlag und schritt weiter. Glaube ist nicht leicht zu erschüttern. Fox Mulders Motto »Ich will glauben!« passt ebenso gut auf die herkömmliche Religion wie auf die UFOlogie. Ich vermute, wenn wir erst einmal die physiologische Grundlage des Bewusstseins verstanden haben, wird die Theologie ihre Vorstellungen von der Seele stillschweigend korrigieren, um Konflikten mit dem Experiment aus dem Wege zu gehen.

Sogar manche von denen, die glauben, dass der Geist physikalischer Natur ist, können nur schwer den Gedanken akzeptieren, dass ein Computer eines Tagen ebenso wie ein Mensch denken könnte. Der mathematische Physiker Roger Penrose ist einer der prominentesten Anhänger eines fundamentalen, unabänderlichen *physikalischen* Unterschieds zwischen Mensch und Maschine. Penrose ist überzeugt, dass digitale Computer niemals menschliche Intelligenz und Bewusstsein ihrer selbst erlangen können. Er hat darüber zwei Bücher mit leicht unterschiedlichen Ausgangspunkten geschrieben. Um nicht missverstanden zu werden, möchte ich bekräftigen, dass Penrose ein weitaus brillanterer Mathematiker als ich ist und dass er zweifellos länger als ich über diesen Gegenstand nachdenkt und ihn erforscht. Viele seiner Beschreibungen der modernen Physik sind scharfsinnig und schön, doch seine Darlegungen zum Thema Mensch gegen Maschine finde ich überhaupt nicht überzeugend. Die Voraussetzung seines ersten Buches zu dem Thema, *The Emperor's New Mind* (dt. ›Computerdenken‹), besagt, dass ein noch nicht entdecktes physikalisches Gesetz, welches im vagen Grenzbereich von Quantenmechanik und Gravitation wirkt, einen Unterschied zwischen den Prozessen bei der menschlichen Intelligenz und denen in einem digitalen Computer ausmacht. Die meisten Physiker glauben, dass die Vorgänge in diesem winzigen Maßstab völlig unerheblich für die Vorgänge im Maßstab des menschlichen Gehirns sind – oder sogar in den atomaren Maßstäben, die für chemische Prozesse entscheidend sind und ihrerseits viele Größenordnungen über den Maßstäben liegen, wo Quanteneffekte in der Gravitation Bedeutung haben.

In seinem zweiten Buch hat Penrose seine Argumente ein wenig modifiziert oder zumindest deutlicher gemacht. Hier legt er dar, dass seiner Meinung nach Rechenmaschinen nicht so wie Menschen denken können, weil mathematische Prinzipien (wie sie u. a. Kurt Gödel und Alan Turing aufgestellt haben) beweisen, dass rechnerisch arbeitende Systeme notwendigerweise unvollständig sind. Mit anderen Worten: Es gibt bestimmte Aussagen, die wahr sind, aber im Rahmen eines bestimmten Systems von mathematischen oder rechentechnischen logischen Regeln nie bewiesen werden können. Da Menschen die Wahrheit solcher Aussagen durch menschliche Intuition und Einsicht begreifen können, können menschliche Intuition und Einsicht nicht auf irgendein Ensemble von Regeln reduziert werden. Und darum kann menschliches Verständnis (lies: ›Bewusstsein‹) niemals in Rechenmaschinen nachgebildet werden.

Es ist interessant, dass Turing selbst früher dieses Argument als Grundlage für den Glauben, Maschinen könnten prinzipiell nicht denken, abgelehnt hat. Er hat eingewandt, es gebe keinen Beweis, dass nicht auch für den menschlichen Intellekt solche Einschränkungen bestünden, und weiterhin, dass ein menschliches Wesen immer nur einer Maschine überlegen sein kann, nicht aber gleichzeitig allen Maschinen. »Kurz gesagt«, schrieb er, »kann es Menschen geben, die klüger als jede bestimmte Maschine sind, doch ebenso kann es andere Maschinen geben, die wiederum klüger sind, und so weiter.«

Ich halte Turings Artikel über die Maschinenintelligenz, obwohl er rund fünfzig Jahre alt ist, für eine klare und überaus erfrischende Erörterung. In diesem Artikel hat Turing vorgeschlagen, was seither als der Turing-Test für Maschinenintelligenz bekannt ist. Ganz im Geiste eines Physikers, ist es ein operationaler Test, den Turing als ›das Imitationsspiel‹ bezeichnete. Wenn die Maschine den Test besteht – das heißt, wenn sie die meiste Zeit über einen menschlichen Interviewer, der sich in einem anderen Zimmer befindet, glauben machen kann, er spreche mit einem Menschen –, dann wäre die Frage ›Können Maschinen denken‹ bejaht.

Turing machte seine eigene Ansicht zu dem Thema recht deutlich:

Ich glaube, dass es in etwa fünfzig Jahren möglich sein wird, Computer mit einer Speicherkapazität von etwa 10^9 [Bits] so zu programmieren, dass sie das Imitationsspiel derart gut spielen, dass ein durchschnittlicher Interviewer eine Chance von höchstens 70% hat, sie nach fünf Minuten Befragung richtig zu identifizieren. Die ursprüngliche Frage, »Können Maschinen denken?« halte ich für zu bedeutungslos, als dass sie es verdiente, erörtert zu werden. Nichtsdestoweniger glaube ich, dass sich am Ende des Jahrhunderts der Sprachgebrauch und die generelle, gebildete Ansicht so weit verändert haben werden, dass man von denkenden Maschinen sprechen kann, ohne Widerspruch erwarten zu müssen.

Voraussagen einer ›gebildeten Ansicht‹ sind notorisch unsicher, und Turing war zweifellos zu optimistisch. Wir haben jetzt Maschinen mit der von ihm erhofften Speicherkapazität, doch ich glaube nicht, dass irgendeine von ihnen bisher eindeutig den Turing-Test bestanden hat (ungeachtet von Gari Kasparows Verdacht, einige Züge von Deep Blue seien von den Programmierern des Computers gemacht worden). Ich halte es für sicher, dass wahrscheinlich keiner der beiden berühmtesten intelligenten Film-Computer, HAL und Data, den Test bestehen würde. (Trotzdem stimme ich Jean-Luc Picard zu, der in ›Wem gehört Data?‹ in einer Gerichtsverhandlung der Föderation darlegte, Data sei ein vernunftbegabtes Lebewesen, dem die Rechte eines solchen zustünden, und nicht nur Eigentum von Starfleet.) Zudem ist das Thema der Maschinenintelligenz heute noch so heiß umstritten wie zu der Zeit, als Turing seine Vorhersagen traf.

Ein grundlegender Unterschied zwischen Turings und Penroses Argumenten ist es, dass Penrose, um seinen Standpunkt zu vertreten, über die Verwendung von Mathematik hinausgeht. Er versucht, den fundamentalen physikalischen Unterschied herauszuarbeiten. Aus meiner Sicht ist diese Herangehensweise der einzige Grund, aus dem es Physikern zusteht, die Themen von Intelligenz und Bewusstsein zu erörtern (und der Hauptgrund, warum ich sie überhaupt eingeführt habe).

Soweit ich es verstehe, behauptet Penrose, der Unterschied zwischen menschlicher Intelligenz und Datenverarbeitungs-Algorithmen entspringe der geheimnisvollen Natur der Quantenmechanik, die natürlich über die Funktion der grundlegenden atomaren Bestandteile des Hirns gebietet. Des weiteren legt er dar, ein volles Verständnis des menschlichen Bewusstseins werde sich auf neue Gesetze der Physik stützen, die seiner Ansicht nach notwendig sind, damit wir richtig verstehen, wie die klassische Welt aus der Welt der Quantenmechanik hervorgeht. Er führt den unglücklichen Gedanken ein, ein richtiges Verständnis der Quantengravitation werde integraler Bestandteil dieses Verständnisses des Bewusstseins sein. Doch selbst wenn man letzterer Behauptung ganz und gar widerspricht, kann man untersuchen, ob die nichtklassische Physik, die dem menschlichen Geist zugeschrieben wird, diesen für immer von einem Computer unterscheiden wird. Und ich glaube, dass einige aufregende Entwicklungen in den letzten paar Jahren darauf hinweisen, dass das Gegenteil zutrifft!

In dem Maße, wie Computer immer kleiner werden, werden die einzelnen logischen Einheiten – die Bits der Maschine – schließlich die Größe von Atomen haben. (Datas positronisches Gehirn verwendet Positronen, die Antiteilchen der Elektronen, doch was soll's.) Richard Feynman pflegte darüber zu spekulieren, wie klein man verschiedene Maschinen machen könnte, damit sie noch funktionierten. Er erkannte: Wenn Bits erst einmal die Größe von Atomen haben, müssen die Gesetze der Quantenphysik in Betracht gezogen werden, die es den Atomen erlauben, sich anders als Billardkugeln zu verhalten.

Die Computerwissenschaft ist zwar auf die mathematische Theorie der Datenverarbeitung gegründet, doch diese Operationen werden mithilfe physikalischer Apparate ausgeführt; und so ist es letzten Endes die Aufgabe der Physik festzustellen, was praktisch berechenbar ist und wie. Da die physikalische Welt auf einem fundamentalen Niveau quantenmechanischer Natur ist, muss die Theorie der Datenverarbeitung auch die Quantenmechanik in Betracht ziehen. Daher sollte man die klassischen Theorien über Datenverarbeitung von Turing und anderen als Näherungen an eine allgemeinere ›Quantentheorie der Datenverarbeitung‹ betrachten.

In den letzten paar Jahren ist explizit gezeigt worden, dass viele Beschränkungen der praktischen Datenverarbeitung mit digitalen Computern – die die normalen, klassischen Bits für ihre Berechnungen verwenden – mit Quantencomputern überwunden werden können. Es können Algorithmen entwickelt werden, die es, wenn die Computerbestandteile von Natur quantenmechanisch sind, erlauben werden, Berechnungen exponentiell schneller durchzuführen, als es die klassische Theorie der Datenverarbeitung erlaubt. Ein besonderes Beispiel enthält einen Algorithmus, um einen nichttrivialen Teiler einer großen Zahl zu finden (also einen Teiler, der nicht 1 oder die Zahl selbst ist), doch die Einzelheiten dieses Beispiels sind hier nicht von Belang. Wichtig ist ein Verständnis, warum Quantenberechnungen sich von klassischen unterscheiden können. Doch um eine Ahnung von manchen der physikalischen Prozesse zu bekommen, die durchaus unserem Bewusstsein zu Grunde liegen könnten, ist es erforderlich, dass wir die unscharfe Welt der Quantenmechanik betreten und Phänomene untersuchen, die dem klassischen Vernunftdenken widersprechen.

VIERZEHN

....

Der Geist in der Maschine

> Nach drei Stunden forderte ich ihn
> auf, die Seele von Jimi Hendrix zu
> beschwören, und verlangte ›All
> Along the Watchtower‹. Wissen Sie,
> der Kerl ist seit zwanzig Jahren tot,
> aber er ist immer noch scharf drauf!
>
> *Fox Mulder*

Der Physiker Frank Wilczek hat mir einmal anvertraut, dass der komischste Unsinn über Physik, den er regelmäßig in den Massenmedien hört, die Beschreibung des einen oder anderen Ereignisses als ein ›Quantensprung‹ ist. Auch auf die Gefahr hin, wie William Safire zu klingen*, will ich näher darauf eingehen. Die Wendung wird mittlerweile im Sinne von ›ein großer Sprung vorwärts, etwas von großer Bedeutung‹ verwendet. Das ist natürlich genau das Gegenteil von dem, was ein Quantensprung wirklich ist. (Da mir die Fernsehserie *Quantensprung* gefallen hat, möchte ich freilich gern annehmen, dass ihre Macher weniger an einen großen Quantensprung dachten als vielmehr an einen großen Sprung in der Zeit, den die Quantenmechanik ermöglichte.)

------

* William Safire ist als (politisch konservativer) Sprachkolumnist der *New York Times* bekannt. – *Anm. d. Übers.*

Die Quantenmechanik beruht auf der Idee, dass auf einem fundamentalen Niveau das kontinuierliche Universum, das wir kennen, in Wahrheit gar nicht kontinuierlich ist. In einem viel kleineren Maßstab, als er normalerweise der unmittelbaren Erfahrung zugänglich ist (ich werde noch auf einige frappierende neuere Ausnahmen von dieser Regel zu sprechen kommen), besagen die Gesetze der Quantenmechanik, dass ein endliches System nur eine begrenzte Anzahl diskreter Zustände haben kann. Um von einem Zustand zum anderen zu gelangen – mit anderen Worten, einen ›Quantensprung‹ auszuführen –, muss das System ein Quant, eine kleine Energiemenge, aufnehmen oder abgeben. Die Tatsache, dass Energie nur in solchen kleinen feststehenden Mengen aufgenommen (oder abgegeben) werden kann – immer in einem ganzzahligen Vielfachen eines einzelnen Quants –, war die Erkenntnis, mit der die Revolution begann, welche zur Quantenmechanik führte.

Es dauerte bis etwa 1905, ehe der scheinbar kontinuierliche Energiefluss als diskret erkannt wurde, weil die einzelnen Energiequanten derart klein sind, dass ihre diskrete Natur in menschlichen Größenordnungen keine Rolle spielt. Wenn also ein System einen Quantensprung vollführt, ist die Veränderung nicht direkt zu bemerken (und manchmal überhaupt grundsätzlich nicht festzustellen)! Wenn diese Schwierigkeit etwas seltsam anmuten mag, ist damit doch noch gar nichts über die Revolution im Denken und im Verständnis der Welt angedeutet, die die Quantenmechanik mit sich gebracht hat. Einsteins Theorien zur Relativität mögen für unsere Empfindung der Wirklichkeit etwas anstrengend sein, doch mit ein wenig Mühe kann man sich sowohl sie selbst als auch ihre Folgen intuitiv und mathematisch deutlich machen. Es ist ein populärer Mythos, es habe, kurz nachdem Einstein die Relativitätstheorie entwickelt hatte, auf der Welt nur fünfzehn Menschen gegeben, die sie verstanden; heutzutage ist insbesondere die Spezielle Relativitätstheorie jedem zugänglich, der über ein Gymnasialwissen in Mathematik verfügt. Doch fast ein Jahrhundert nach der ersten Veröffentlichung der Quantentheorie gibt es immer noch *niemanden*, der sie wirklich versteht.

In meinem vorigen Buch habe ich ein Argument von dem Harvard-Physiker Sidney Coleman entliehen, um dieses Versagen zu erklären: Da unsere ganze Erfahrung von der Welt sich in Maßstäben abspielt, wo Quantenphänomene nicht direkt zu beobachten sind, sind unsere Intuition und unsere Sprache ihrem Wesen nach durchweg klassisch. Wir können nur versuchen, Quantenphänomene mit Hilfe klassischer Bilder zu erklären. Diese Herangehensweise wird für gewöhnlich die ›Interpretation der Quantenmechanik‹ genannt. Doch wie Coleman betont, ist sie von vornherein zum Scheitern verurteilt. Was wir wirklich untersuchen sollten, ist die Interpretation der *klassischen* Mechanik, da das Universum auf seinem fundamentalsten Niveau von quantenmechanischer Natur ist, die klassische Welt unserer Erfahrung hingegen nur eine Annäherung an die zugrunde liegende Wirklichkeit. Es ist daher ebenso unangemessen, das wirkliche Quantenuniversum in den Begriffen der rein klassischen Konzepte verstehen und erklären zu wollen, denn das gliche dem Vorhaben, dreidimensionale Bewegung in den Begriffen zweidimensionaler Konzepte erklären oder die Handlungen von Zwillingen in den Begriffen von einem der beiden beschreiben zu wollen. Bei solcher Herangehensweise ergeben sich unweigerliche Paradoxa.

Um uns auf die folgenden Paradoxa vorzubereiten, wollen wir uns vorstellen, wie wir selbst eine der erwähnten falschen Herangehensweisen anwenden. Nehmen wir an, ich werfe einen Baseball Richtung Center-Field. Wenn mir nun nur die horizontale Position des Baseballs zugänglich ist, sehe ich, wie sich der Ball horizontal mit konstanter Geschwindigkeit bewegt, bis er im Handschuh des Outfield-Spielers zur Ruhe kommt. Sagen wir nun, dass ich den Ball viel stärker und höher werfe, sodass die vertikale Geschwindigkeit weitaus größer ist, die horizontale aber gleich. Wenn mir nur die horizontalen Werte zur Verfügung stehen, sehe ich genau das gleiche wie zuvor – außer dass der Ball diesmal wesentlich stärker gegen den Handschuh des Spielers prallt. »Verrückt!« werde ich rufen, denn beide Flugverläufe scheinen exakt gleich zu sein, also sagen mir die Regeln des klassischen Baseball, dass die Kraft des Aufpralls gegen den Handschuh des Outfield-Spielers exakt gleich sein muss.

Wenden wir uns nun den Zwillingen zu. Ich bemerke, dass einer der Zwillinge hinter mir im Eisenwarenladen ansteht, wo ich gerade einen Hammer kaufe. Dann gehe ich nebenan in den Gemüseladen und sehe den anderen Zwilling durch die Tür herauskommen, als ich gerade eintrete. Ich schaue zweimal hin, denn ich weiß, es ist unmöglich, dass mir die Person, die eben noch hinter mir anstand, in dem anderen Laden zuvorgekommen ist. Etwas stimmt an dem Bild nicht.

Diese beiden Fälle scheinen vielleicht ähnlich zu sein, doch es gibt einen wichtigen Unterschied zwischen ihnen. Im ersten Fall ergibt sich das Paradox einfach wegen einer ›verborgenen Variablen‹ – nämlich der dritten Dimension, die, wenn sie in die Rechnung einbezogen wird, das Problem löst. Die klassische Mechanik funktioniert bestens, wenn es um die dreidimensionale Beschreibung der Bewegung eines Baseballs geht. Im Grund ist meine Beschreibung eines einzelnen Balls, der sich im Raum gemäß den Newton'schen Gesetzen bewegt, sinnvoll.

Im anderen Fall jedoch ergibt sich das Paradoxon daraus, dass die Zwillinge nicht ein und dieselbe Person sind. Wenn sie sich in derselben Gegend befinden, ist es *auf keine Weise* möglich, mit meiner klassischen Weltsicht den Anschein logisch zu erklären. Solange sie aber weit genug voneinander entfernt sind, dass ich sie nicht nacheinander sehen kann, spielt es für mich eigentlich keine Rolle, ob ich June oder Jane sehe – mit anderen Worten, sie könnten ebenso gut *eine* Person sein. Nichtsdestoweniger muss mir klar sein, dass es nicht der zugrunde liegenden Wirklichkeit entspricht, sie als eine Person zu behandeln, auch wenn es unter bestimmten Bedingungen funktioniert.

Die Schlüsselfrage lautet: Welches der beiden Beispiele bietet die bessere Analogie für die Quantenmechanik? Sind unsere klassischen Ansichten grundlegend sinnvoll und ignorieren wir nur eine verborgene Variable, mit der das widersinnige Quanten-Universum wieder stimmt? Oder ist es in einem bestimmten Maßstab grundsätzlich falsch sich vorzustellen, dieses quantenmechanische Objekt sei wirklich in den Begriffen eines klassischen Objekts zu erklären? Nun, Sie können die Antwort erraten. Experimente mit einfachen Quantensystemen – Systemen, die nur aus einigen Atomen oder einigen Photonen bestehen – haben die Frage entschieden. Wenn die erste Möglichkeit zuträfe, hätte ich wohl diese ganze Diskussion gar nicht erst begonnen.

Quantenteilchen sind *nicht* dasselbe wie klassische Teilchen, und wenn wir ihnen die im makroskopischen Universum sichtbaren Eigenschaften aufzwingen, erhalten wir unweigerlich Paradoxa wie das mit den Zwillingen; wenn man erst einmal die Tatsache akzeptiert, dann kann man auch die Paradoxa etwas einfacher akzeptieren, zumindest geht es mir so. Es ist nun an der Zeit, einige der Eigenschaften des Quanten-Universums einzuführen. Doch lassen Sie es mich in den Begriffen der Funktion eines Computers tun, sodass wir sofort erkennen, wie die Quantenmechanik die Regeln verändert.

Ein klassischer Computer beruht auf fundamentalen Informationseinheiten, die Bits genannt werden und an Speicherstellen vorhanden sind, die entweder 1 oder 0 speichern. Jede Information kann in Bits codiert werden und die gesamte Datenverarbeitung kann auf Rechenoperationen an Bits zurückgeführt werden – Einsen in Nullen verwandeln, Nullen in Einsen oder die Zahl lassen, wie sie ist. Heutzutage bestehen die Speicher aus kleinen metallenen ›Gates‹ auf isolierender Unterlage; in diesen Gates kann entweder viel elektrische Ladung (1) oder sehr wenig Ladung (0) gespeichert sein. In der Praxis bedeutet ›viel‹ Ladung etwa 100 000 zusätzliche Elektronen und sehr wenig Ladung weniger als 10 oder 100 zusätzliche Elektronen. Da die Anzahl der zusätzlichen Elementarladungen, die den Unterschied zwischen 1 und 0 ausmachen, so groß ist, können diese Zustände leicht unterschieden werden, sodass bei jedem Gate eindeutig gelesen werden kann, ob es sich im Zustand 1 oder 0 befindet.

Wenn das physikalische Speichermedium, das diese binäre Information trägt, immer kleiner wird, ergibt sich nun das Problem – oder eher die Gelegenheit –, dass es schwierig oder unmöglich wird, eindeutig zwischen den beiden Zuständen des Systems zu unterscheiden. Wenn ein System erst einmal klein genug wird, dass die Gesetze der Quantenmechanik Bedeutung erlangen, dann ist ein System, das sich bei der Messung in einem von zwei unterschiedlichen Zuständen befinden kann, zu jedem Zeitpunkt vor der Messung im allgemeinen in *keinem* der beiden Zustände (noch sonst in einem bestimmten Zustand)!

Das klingt wie Kauderwelsch, doch auf diesem Kauderwelsch beruht die Quantenmechanik, und es funktioniert. Der springende Punkt – der unmittelbar sowohl mit den diskreten Energieniveaus von Systemen als auch mit Heisenbergs Unschärferelation zusammenhängt – ist, dass man ein System verändert, indem man es misst. Das charakteristische Beispiel dafür ist ein Elementarteilchen mit ›Spin‹. Viele Elementarteilchen haben diese Eigenschaft – der physikalische Begriff dafür ist ›Drehimpuls‹, obwohl sie nicht wirklich so wie makroskopische Objekte rotieren. Jedenfalls legt der Spin eine Achse fest – die Rotationsachse. Wenn wir eine Achse wählen, an der wir den Spin eines Elementarteilchens messen, zeigt sich, dass gemäß der Quantenmechanik manche von diesen Teilchen in die eine Richtung ›rotieren‹ – sagen wir, im Uhrzeigersinn –

und manche mit demselben Betrag in die andere Richtung, gegen den Uhrzeigersinn. Wir nennen den ersteren Fall ›Spin up‹ und den letzteren ›Spin down‹.

Die Spin-Anordnung bestimmter Elementarteilchen kann also einen von zwei Werten annehmen, sodass sie Systeme mit zwei Zuständen, also binäre Systeme sind. Wenn man den Spin des Teilchens misst, findet man, dass der Spin entweder up oder down ist. Doch es wäre falsch anzunehmen, dass das Teilchen *vor* der Messung den Spin up oder down hatte – das ist eine klassische Annahme, ähnlich, als würde man Zwillinge als eine einzige Person behandeln.

Wir können dem Spin eines Teilchens in Bezug auf eine bestimmte Achse einfach keine physikalische Realität zuschreiben, solange wir ihn nicht gemessen haben. Das klingt vielleicht wie ein Argument im New-Age-Stil, doch das liegt nur daran, dass wir an die klassische Wirklichkeit und nicht an die Quantenwirklichkeit gewöhnt sind. Es wird manche Leser vielleicht noch mehr überraschen, dass zur Quantenmechanik nicht nur die vom Beobachter erzeugte Wirklichkeit gehört, sondern auch eine ihr zugrunde liegende objektive Realität, die nicht vom Beobachter abhängt, und dass die Theorie darüber hinaus deterministisch ist. Es entmutigt mich oft, dass sogar in Büchern, die allgemeinverständliche Erklärungen der Quantenmechanik zu bieten behaupten, diese Gesichtspunkte entweder nicht hinreichend betont oder aber gar nicht oder falsch dargelegt werden.

Verwirrend ist, dass die objektive Realität in der Quantenmechanik nicht notwendig mit Größen assoziiert ist, wie wir sie klassisch beobachten können, sondern vielmehr mit etwas, das man die quantenmechanische ›Wellenfunktion‹ eines Systems nennt. Dieses mathematisch genau definierte Objekt beschreibt die Konfiguration des Systems zu jedem beliebigen Zeitpunkt vollständig. Es ist objektiv und legt fest, was wir messen, obwohl unsere Messung dann die weitere Entwicklung der Wellenfunktion beeinflussen kann. Überdies entwickelt sie sich nach Gesetzen, die ebenso deterministisch sind wie Newtons Bewegungsgesetze.

Dass die Dinge subjektiv und nicht determiniert erscheinen, liegt daran, dass die Wellenfunktion nicht direkt gemessen werden kann. Vielmehr legt die Wellenfunktion die Wahrscheinlichkeit fest, mit der eine bestimmte Messung ein bestimmtes Ergebnis liefern wird. Selbst wenn wir im Voraus die genaue Form der Wellenfunktion kennen, können wir nicht allgemein sagen, welches Ergebnis eine bestimmte Messung haben wird. Das Ergebnis der Messung ist nur mit einer bestimmten Wahrscheinlichkeit bekannt. So schleicht sich Unbestimmtheit in die wirkliche Welt der Beobachtungen und Messungen.

Die andere Folge aus der Natur der Wellenfunktion ist noch frappierender. Der Grund, weshalb sie die Wahrscheinlichkeiten angibt, mit denen in einer Serie von Messungen an äquivalenten Systemen verschiedene Ergebnisse geliefert werden, liegt darin, dass die Wellenfunktion sich aus der *Summe* der unterschiedlichen Zustände zusammensetzt, wobei jedem Zustand ein anderes Messergebnis entspricht und die Summanden mit jeweils einem Koeffizienten multipliziert sind, der mit der Wahrscheinlichkeit verknüpft ist, dass sich das System im zugehörigen Zustand befindet.

Das klingt vielleicht erst einmal gar nicht so seltsam, doch denken Sie eine Minute darüber nach. *Die Wellenfunktion kann gleichzeitig zwei einander ausschließende Konfigurationen – etwa Spin up und Spin down – verkörpern.* Da die Wellenfunktion die Entwicklung des quantenmechanischen Teilchensystems bestimmt, heißt das, dass das Teilchen vor der Messung weder den einen noch den anderen Spin hat, sondern vielmehr in einem sonderbaren Sinne beide. Wenn man die Messung durchführt, findet man das eine oder das andere Ergebnis (mit einer Wahrscheinlichkeit, die von der Wellenfunktion festgelegt wird). Zudem hat sich nach der Messung, da das Teilchen jetzt auf den gemessenen Spinzustand festgelegt ist, die Natur der Wellenfunktion, die das Teilchen beschreibt, verändert. Sie enthält jetzt nicht mehr die Summe beider Zustände, sondern nur noch einen Zustand.

Es kann sogar noch absonderlicher kommen. Die Wellenfunktion für ein Teilchen, das an einem Punkt (A) losfliegt und später an einem anderen Punkt (B) gemessen wird, besteht aus der Summe vieler Quantenkonfigurationen, von denen jede ihre eigene Bahn zwischen den beiden Punkten zurücklegt. Man kann daher nicht sinnvoll sagen, das Teilchen habe bei seiner Bewegung von A nach B einen bestimmten Weg zwischen diesen Punkten genommen, es sei denn, man hat den Weg gemessen. So geht beispielsweise ein Elektron, das auf einer Seite einer Abschirmung mit zwei Schlitzen startet und auf der anderen Seite ankommt, in gewissem Sinne durch beide Schlitze, ehe es auf der anderen Seite gemessen wird.

Mehr noch – und das ist sehr wichtig: An bestimmten Punkten ist die Summe der unterschiedlichen Quantenzustände dergestalt, dass die verschiedenen Zustände miteinander interferieren, das heisst sie heben sich gegenseitig auf, und die Wellenfunktion verschwindet. Ein Elektron wird nie in einer Position zu finden sein, wo das zutrifft. In diesem Sinne können Elektronen sich wie Wellen verhalten. Wenn zwei Wasserwellen an einem bestimmten Punkt aufeinandertreffen und die eine an diesem Punkt einen Wellenberg, die andere ein Wellental hat, löschen die beiden Wellen einander aus, und die Wasseroberfläche wird flach. Also kann bei Wellen manchmal $1 + 1 = 0$ ergeben! Dasselbe gilt für Elektronen oder andere Quantenobjekte. Wenn die Wellenfunktion (die deshalb so heißt) eines Elektrons aus der Überlagerung verschiedener Zustände besteht, von denen jeder zu einem Elektron gehört, das auf einem anderen Weg zu diesem bestimmten Punkt gelangt ist, und wenn die Minuszeichen gerade passen, kann man feststellen, dass sich letztendlich eine Wahrscheinlichkeit von Null ergibt, das Elektron an diesem Punkt zu finden.

Unsinn, könnten Sie sagen. Ein Elektron, das von einer Seite der Abschirmung auf die andere kommt, muss entweder durch den einen Schlitz oder durch den anderen flitzen – ich kann das ja nachweisen, indem ich je einen Elektronen-Detektor an beiden Schlitzen anbringe und beobachte, durch welchen Schlitz das Elektron geht! Ja, das können Sie wirklich, und wenn Sie ein Bündel Elektronen durch die Abschirmung schicken, Elektron für Elektron, werden Sie sehen, wie bei jedem Durchgang nur einer der Detektoren klickt und anzeigt, dass das fragliche Elektron durch diesen einen Schlitz gesaust ist, um auf die andere Seite zu kommen. Sie werden jedoch auch feststellen – und das ist eins der bemerkenswertesten Ergebnisse der modernen Physik –, dass das Muster von Elektronen, die auf der anderen Seite ankommen, *unterschiedlich* ist, je nachdem, ob Sie den Durchgang beobachten oder nicht!

Das liegt daran, dass Sie mit dem Beobachten – einfach nur durch Zusehen – eine Messung durchgeführt haben, und diese Messung hat die Wellenfunktion verändert! Die Wellenfunktion jedes Elektrons auf der anderen Seite des Schlitzes (die Ihnen die Wahrscheinlichkeit angibt, es dort an einem bestimmten Punkt zu finden) besteht in dem Fall, wo Sie den Durchgang des Elektrons beobachtet haben, nicht aus der Summe verschiedener Quantenzustände, die ein Elektron beschreiben, das durch den einen bzw. den anderen Schlitz ging. Da Sie die Messung durchgeführt haben, besteht die Wellenfunktion jetzt nur aus den Quantenzuständen, die ein Elektron beschreiben, welches durch den Schlitz gegangen ist, wo Sie es registriert haben. Daher sind die Wellenfunktionen unterschiedlich, und da die Wellenfunktionen unterschiedlich sind, unterscheidet sich auch das Elektronenmuster, das Sie auf der anderen Seite messen!

Die Summe verschiedener Quantenzustände, die die Wellenfunktion ergibt, welche ein System beschreibt, wird ›Kohärenz‹ genannt. Solange die verschiedenen Zustände in der Summe alle in der Wellenfunktion vorhanden sind, beschreibt sie eine ›kohärente Überlagerung‹ von Zuständen. Durch die Messung können Sie jedoch die Wellenfunktion auf einen einzigen Quantenzustand reduzieren und so diese Kohärenz zerstören. Solange meine Elektronen-Wellenfunktion aus einer kohärenten Summe vieler verschiedener Quantenzustände besteht, kann sich das einzelne Elektron so verhalten, als wäre es viele Elektronen. Das ist analog zu meinem Zwillingsbeispiel. Solange ich keine Messung durchführe – indem ich etwa einen der Zwillinge nach seinem Namen frage –, besteht für diese Person eine gewisse Wahrscheinlichkeit, entweder der eine Zwilling oder der andere zu sein. Sobald ich ihn aber frage, ›messe‹ ich, welcher Zwilling es ist, und von da an ist die Identität der Person festgelegt.

Nun zurück zu den Quantencomputern. Sagen wir, meine Speicherplätze im Computer sind jetzt einzelne Atome. Wenn das Atom einen Spin up hat, sagen wir, entspricht das dem Zustand 1, bei Spin down dem Zustand 0. Doch anders als die logische Einheit mit den gespeicherten Ladungen – wo ein Bit unzweideutig im Zustand 1 oder 0 ist, je nach der Ladung am Gate – hat die Speicherzelle, die aus einem einzelnen Atom besteht, eine Wellenfunktion, die sich aus einer kohärenten Summe von Spin up (1) und Spin down (0) zusammensetzt. Daher kann diese Speicherzelle gleichzeitig 1 und 0 sein, wobei Koeffizienten die Wahrscheinlichkeit beschreiben, mit der 1 oder 0 gemessen wird. Offensichtlich ist diese grundlegende Logikeinheit komplizierter als ein Bit und wird deshalb ein ›Qubit‹ genannt. (Es ist jedoch wichtig, dass man, wenn man ein Qubit misst, nur die Menge von einem Bit klassischer Information bekommt!)

Da die einzelnen logischen Einheiten in meinem Computer nun in gewissem Sinne gleichzeitig sowohl 0 als auch 1 einschließen, können logische Operationen mit diesem Qubit-Zustand komplexere Ergebnisse als Operationen mit Bits haben. Wichtiger noch, wenn ich eine Menge Qubit-Speicherplätze habe, von denen sich jeder gleichzeitig im Null- und im Eins-

Zustand befinden kann, und wenn sie alle in einer einzigen quantenmechanischen Wellenfunktion kohärent verknüpft sind, sodass die Funktion eine Überlagerung aller Qubits enthält, dann könnte eine einzige quantenmechanische Operation, die mit dieser Wellenfunktion ausgeführt wird, vielen, vielen einzelnen logischen Operationen mit einzelnen klassischen Bits entsprechen. Daher könnten mit Qubits sehr komplexe Berechnungen in sehr wenigen Schritten durchgeführt werden – Berechnungen, die mit klassischen einzelnen Bits von 0 oder 1 eine ungeheure Anzahl von Schritten erfordern würden. Das gilt jedoch nur so lange, wie ich beim Umgang mit diesen Qubits sorgsam darauf achte, die kohärente Überlagerung nicht durch Messung der Zwischenergebnisse bei der Rechnung zu stören. Sobald ich das tue, bin ich wieder bei klassischen Bits.

Das ist das Tolle an dem brandneuen Gebiet der Quanten-Datenverarbeitung. Besonders aufregend ist, dass verschiedene Forschergruppen tatsächlich Möglichkeiten erkunden, wie man quantenmechanische Wesenheiten praktisch manipulieren könnte, um die Eigenschaften von Quantencomputern zu ermitteln. Die Möglichkeit, eine schnelle Faktorenzerlegung großer Zahlen durchzuführen, ist ebenso aufregend wie entsetzlich.

Jetzt werden Sie sich fragen, wieso eine bloße mathematische Möglichkeit ein Gefühl wie Entsetzen auslösen sollte. Nun, der Grund ist, dass bei allen modernen Codes – denen zum Schutz von Gegenständen der nationalen Sicherheit wie auch zur Verschlüsselung brisanter Finanzinformationen – die grundlegende Methode darin besteht, die Faktoren großer Zahlen als Schlüssel zu verwenden. Wenn ein Computer die Faktoren solcher Zahlen in einer praktikablen Zeit herausfinden könnte, dann würde es auf einem ganz anderen Niveau als heute möglich sein, Codes zu knacken. Stellen Sie sich vor, was das bedeutet.

Hier ist also ein weiteres Gebiet, wo Computer Dinge tun, die man ihnen niemals zugetraut hätte. Doch um auf das menschliche Denken zurückzukommen: Die grundlegenden Theoreme zur Berechenbarkeit, wie sie Turing und Gödel aufgestellt haben, gelten gleichermaßen für Quanten- und klassische Computer. Daher darf man das Argument von Penrose nicht voreilig abtun, wonach diese Theoreme der Schlüssel zur Unterscheidung zwischen menschlicher und Maschinen-Intelligenz seien. Ich glaube aber, dass mit der Möglichkeit, Quantencomputer zu bauen, eines klar wird: Die Gesetze der Quantenmechanik, die zunächst die Prozesse des menschlichen Geistes von der Datenverarbeitung durch einen Computer abzuheben scheinen, könnten in Wahrheit eines Tages die Funktionsweise der Computer selbst revolutionieren.

Die Lehre aus alledem ist deutlich genug. Bisher habe ich keine Anzeichen für grundsätzliche Beschränkungen gesehen, die Computer daran hindern könnten, früher oder später Intelligenz zu erlangen und vielleicht auch ein Bewusstsein ihrer selbst. (Ob mit oder ohne Seele – Turing hat einmal angemerkt, es habe keinen Sinn, an einen Gott zu glauben, der mächtig genug war, das Universum zu erschaffen, und dann nicht auch einem Computer eine Seele verleihen könnte.) Wenn das zutrifft, dann kann anscheinend überhaupt nichts Computer daran hindern, sich viel schneller als Menschen zu entwickeln; HAL und Data können durchaus nur die ersten Schritte auf der Evolutionsleiter der Computer sein.

Ich möchte dieses Kapitel beenden, indem ich auf meinen Freund Frank Wilczek zurückkomme, der wie Witten am Institute for Advanced Study arbeitet. Schon als Doktorand trug er zusammen mit seinem Doktorvater David Gross dazu bei, eine bemerkenswerte Eigenschaft der starken Wechselwirkung zwischen Quarks zu entdecken, die es den Physikern erlaubte festzustellen, dass sie die korrekte Theorie für eine der vier in der Natur bekannten Kräfte eingegrenzt hatten. Als ich mich an Wilczek wandte, um seine Antwort auf meine Umfrage nach dem wichtigsten universellen Problem zu bekommen, war ich etwas überrascht (vielleicht zu Unrecht, denn es hat viele solche Überraschungen gegeben), dass das, was *er* am liebsten wissen wollte, nichts mit der Wechselwirkung zwischen Elementarteilchen zu tun hatte. Dann fiel mir ein, dass er mir einmal erzählt hatte, er glaube, Computer seien das nächste Stadium der menschlichen Evolution, eine Bemerkung, über die ich seither oft nachgedacht habe. Wilczek sagte, er wolle gern wissen, wann und ob irgendwo im Weltall eine Intelligenzform das erreicht habe oder erreichen werde, was er den ›Ausbruch‹ nennt, ›die Fähigkeit, durch immer geschicktere Selbstprogrammierung Intelligenz und Verständnis fortwährend zu vervollkommnen‹ (ganz ähnlich, stelle ich mir vor, wie der holographische Arzt in der *Voyager*-Serie). Wilczeks Terminologie meint einen ›Ausbruch‹ aus dem Strom der Evolution, und es könnten durchaus Computer statt Menschen sein, die das erreichen.

Bei Franks Interesse für dieses Thema finde ich es besonders passend, dass in der Episode von *Akte X*, in der das intelligente Computersystem COS im Kampf ums eigene Überleben zu morden beginnt, der Entwickler des Systems Wilczek heißt.

Natürlich wird die Quantenmechanik wahrscheinlich viel nachhaltigere Auswirkungen auf die Zukunft haben, als nur eine neue Generation von Datenverarbeitungsmaschinen hervorzubringen. Der gleiche Prozess, der vielleicht Quantencomputer Wunder vollbringen lässt, kann auch zu einigen der am schwersten zu fassenden Rätsel des Universums führen – zu Rätseln, die wir eben erst zu lösen beginnen. Ich glaube, dass eine neue Generation von ›Quantenmechanikern‹ – die Experimentalwissenschaftler, die das Quantenuniversum nutzen werden, um neue Techniken in neuen Maßstäben zu entwickeln – den Kurs der Technik im 21. Jahrhundert ebenso verändern wird, wie viele Erfindungen des 20. Jahrhunderts den Kurs verändert haben, den die klassischen Mechaniker des 19. Jahrhunderts sich für die Zukunft vorstellten.

Über die Zukunft zu spekulieren, ist immer eine heikle Sache; und sie ist nicht weniger mit Irrtümern und Ungewissheit befrachtet, wenn es ein Wissenschaftler tut, als es bei einem Science Fiction-Autor der Fall wäre. Doch nun wollen wir die Vorsicht in den Wind schlagen und zusammen wie Lemminge in den schönen neuen Quanten-Abgrund marschieren, der – wie eine ferne Welt im Raum, die eine fremde Zivilisation beherbergt – auf unsere Entdeckung wartet und die Schlüssel zur Zukunft enthält.

FÜNFZEHN

Die letzte Grenze?

Zwischen Idee
und Wirklichkeit...
fällt der Schatten

T. S. Eliot:
Die hohlen Männer

Es gibt ein weit verbreitetes Thema, das einen großen Teil unserer populären Kultur und Mythologie durchzieht: Die Welt unserer Erfahrung sei eine sorgfältig getarnte Fiktion, dazu bestimmt, uns glauben zu machen, die Dinge wären, was sie nicht sind. Unter ihrem alltäglichen Äußeren wechseln die Protagonisten dieser Welt ihre Identität, wie es ihnen beliebt. Sie gleiten durch Wände, verschwinden und tauchen wieder auf, beeinflussen über riesige Entfernungen hinweg augenblicklich Ereignisse, spalten sich in viele Kopien ihrer selbst und verschmelzen wieder. Die Welt, die wir wahrnehmen, ist eine kunstvolle Show, die uns zu unserem Besten vorgegaukelt wird.

Akte X? Men in Black? Die Republikanische und die Demokratische Partei? Nein. Ich spreche vom Quantenuniversum. Das ist die *wahre* letzte Grenze, die erforscht werden muss, wenn wir eines Tages Anfang und Ende der Zeit und die objektive Realität des Universums verstehen wollen. Die wildesten Träume der Science Fiction-Autoren sind gar nichts gegen die Eigentümlichkeit des Quantenuniversums.

Albert Einstein hatte eine Abneigung gegen die Quantentheorie, zu deren Entwicklung er beigetragen hatte, und zwar wegen ihrer ›spukhaften Fernwirkung‹. Wie ich in Kapitel 11 angemerkt habe, hatte er ähnliche Einwände gegen ESP. Es versteht sich von selbst, dass dieser Zusammenhang verschiedenen ESP-Verfechtern nicht entgangen ist, sodass die Quantenmechanik in diesem Zusammenhang oft beschworen wird. Wichtig ist hier ein Thema, das klingt, als würde es sich eher für die Hauptsendezeit im Fernsehen als für die Physik eignen. Es wird Kopplung genannt.

Immer, wenn die Wellenfunktion eines Teilchensystems aus einer kohärenten Summe verschiedener Zustände besteht, dann korreliert in jedem Zustand die Konfiguration für ein Teilchen mit der eines anderen (wenn beispielsweise ein Teilchen Spin up hat, hat das andere Spin down); und die Teilchen sind nicht unabhängig: Messungen am einen Teilchen legen dann fest, wie die Eigenschaften des anderen Teilchen sein müssen. Dieser Umstand führt zu etwas, was wie eine Methode für ›spukhafte‹ augenblickliche Kommunikation aussieht, sogar über große makroskopische Entfernungen hinweg – eine Kommunikation, die also anscheinend schneller als mit Lichtgeschwindigkeit erfolgt.

Ein Beispiel für solches unhaltbares Quantenverhalten wurde 1935 in einem boshaften Gedankenexperiment von Einstein und zwei seiner Kollegen in Princeton, Boris Podolsky und Nathan Rosen, vorgeschlagen. Am besten lässt es sich illustrieren, indem man sich die Erzeugung eines Zwei-Teilchen-Systems vorstellt, dessen Gesamtspin Null ist, sodass die Spins der Teilchen in entgegengesetzte Richtungen zeigen, wenn sie gemessen werden. Die Wellenfunktion, die dieses System beschreibt, enthält einen Zustand, in dem Teilchen A Spin up und Teilchen B Spin down hat, und ebenso einen Zustand mit umgekehrten Spins und gleichen Koeffizienten, sodass die Wahrscheinlichkeit, den einen oder anderen Fall zu messen, gleich ist. Diese Wellenfunktion bleibt bestehen, wenn sich die Teilchen voneinander entfernen, solange sie nicht gestört werden.

Was bedeutet das für eine Messung des Systems? Sagen wir, ich messe Teilchen A, welches vor meiner Messung eine Wahrscheinlichkeit von 50 zu 50 hat, dass es Spin up hat. Bei der Messung finde ich dann Spin up. Da die Spins der beiden Teilchen zusammen Null ergeben müssen, heißt das, dass bei der Messung Teilchen B Spin down aufweist. Wenn ich Teilchen B vor Teilchen A gemessen hätte, hätte es eine Wahrscheinlichkeit von 50 zu 50 gegeben, dass Teilchen B im Spin-down-Zustand ist; indem ich also zuerst Teilchen A maß, habe ich die Wahrscheinlichkeit für den Spin von Teilchen B verändert – von einer Wahrscheinlichkeit von 50 zu 50 zu einer hundertprozentigen Wahrscheinlichkeit, dass er down ist. Und jetzt kommt der springende Punkt. Was ist, wenn Teilchen B, welches sich die ganze Zeit über von Teilchen A entfernt hat, gerade bei Alpha Centauri vorbeifliegt, vier Lichtjahre entfernt, während ich Teilchen A messe? Indem ich mich hier entscheide, Teilchen A zu messen, kann ich augenblicklich beeinflussen, was ein Beobachter in der Nähe von Alpha Centauri messen muss!

Ein Experiment, das unlängst in Genf durchgeführt wurde, hat diesen Gedanken überprüft, indem zwei gekoppelte Photonen gemessen wurden, nachdem sie sich 10 km voneinander entfernt hatten. Sie waren tatsächlich korreliert geblieben, sodass die Messung des einen Teilchens die Konfiguration des anderen augenblicklich veränderte.

Wie kann das sein? Verletzt das nicht die Gesetze der Kausalität, um die ich weiter vorn in diesem Buch so viel Aufhebens gemacht habe? Nein. Da ich nicht bestimmen kann, welche Spin-Konfiguration Teilchen A haben wird, bevor ich es messe, gibt es keine Möglichkeit, mit Hilfe des Spins eine Botschaft zu verschicken und damit eine Person zu beeinflussen, die bei Alpha Centauri Teilchen B misst.

Wenn Sie trotzdem das Gefühl haben, dass das alles ziemlich lästig ist, dann folgen sie der Menge. Unsere klassische Intuition sagt uns, dass es den beiden Teilchen unmöglich sein sollte, mit Überlichtgeschwindigkeit zu kommunizieren. Aus rein quantenmechanischer Sicht waren die beiden Teilchen jedoch nie in wirklich individuellen Zuständen. Wir betrachten sie gern als getrennte Teilchen, doch darin äußert sich einfach unser drolliger Klassizismus. Sie sind keine getrennten Wesenheiten; sie sind Teil des Quantenganzen. Außerdem hatte, bevor ich meine erste Messung durchführte, keins der beiden Teilchen Spin up oder Spin down, sie waren nur Teil einer Kombination mit einen Gesamtspin von Null. Man sagt, dass meine Messung von Teilchen A die Wellenfunktion des Systems ›zusammenbrechen‹ lässt, sodass nach der Messung nur eine der beiden ursprünglichen Kombinationen bestehen bleibt. Bis zu – und einschließlich – dieser Messung sind Teilchen A und Teilchen B mit ihren einander ausschließenden Spins gekoppelt – das heißt, ihre gemeinsame Konfiguration wird von einer einzigen Wellenfunktion beschrieben.

Wenn nun das Universum auf einem grundlegenden Niveau quantenmechanisch ist, sind wir dann nicht alle Teil einer kosmischen Wellenfunktion? Beeinflusse ich mit jedem Lidschlag den Zustand von allem anderen? Das ist eine logische Extrapolation des soeben besprochenen Phänomens, und wenn sie wahr ist, dann ist es vielleicht dumm von mir, mich über Astrologen lustig zu machen.

Nun, ich mag dumm sein, aber nicht aus diesem Grund. Wir wissen nämlich, dass der Unsinn, der sich in mikroskopischen Maßstäben abspielt, nicht wirksam in makroskopischen Maßstäben geschehen kann – wir stellen das fest, indem wir uns einfach umschauen. Von jedem der beiden Teilchen im oben beschriebenen System kann man sich vorstellen, dass es vor der Messung *sowohl* Spin up *als auch* Spin down hat, während in der Welt unserer Erfahrung nichts dergleichen vorkommt. Mein Computerbildschirm bleibt am selben Ort und starrt mich an, bis ich ihn manchmal aus dem Fenster werfen möchte. Doch nie in all den Jahren, seit ich schreibe, ist er gleichzeitig an zwei Orten aufgetaucht, zumindest nicht, solange ich wach war.

Die klassische Welt ist tatsächlich klassisch. Und deswegen ist die Quantenmechanik so sonderbar. Wie kommen wir von der

Quantenwelt der Elementarteilchen zur klassischen Welt der Menschen? Wie führen wir eigentlich Messungen durch? Wenn ich einen Geigerzähler einem radioaktiven Teilchen aussetze, kann das Teilchen vor der Messung als Summe (oder, wie es im Fachjargon heißt, als Überlagerung) verschiedener Quantenzustände existieren, das Messgerät aber anscheinend nie. Entweder es tickt oder es tickt nicht. Es tut nie beides gleichzeitig.

Das charakteristische Beispiel für das Problem der Messung in der Quantenmechanik ist ein bisschen abgedroschen, aber trotzdem aufschlussreich. Es ist fast so alt wie die Quantenmechanik selbst. Die klassischen Paradoxa der Theorie waren ihren Schöpfern nicht entgangen. Sie ließen sich von den Paradoxa nicht aufhalten, weil die Theorie weiterhin neue Vorhersagen erbrachte, mit denen man sonst unerklärliche Experimente erklären konnte. 1935 verfasste einer der Erfinder der Quantenmechanik, der österreichische Physiker Erwin Schrödinger, eine – wie er es nannte – ›Burleske‹ um das verfrühte Ableben einer Katze, welche illustriert, wie lächerlich das Quantenuniversum ist, wenn wir makroskopische Objekte mit mikroskopischen vermengen. Schrödingers Katze befindet sich in einem verschlossenen Stahlkasten; außerdem befinden sich darin eine Phiole mit Blausäure unter einem Hammer und ein Röhrchen mit einer winzigen Menge einer radioaktiven Substanz – so viel, dass binnen einer Stunde mit einer Wahrscheinlichkeit von 50 % eins der Atome in der Substanz zerfällt und ein Elektron abgibt, das eine Reaktion in einem Detektor auslöst, der ein Signal an den Hammer schickt, der daraufhin herabfällt und die Phiole zerschlägt, worauf das Gas freigesetzt wird und die Katze tötet. Wenn die Wellenfunktion jedes radioaktiven Atoms eine kohärente Summe von Zerfalls- und Nichtzerfallszuständen enthält, bevor wir das System ›messen‹, indem wir eine Stunde später den Kasten öffnen, und wenn das Befinden der Katze offensichtlich mit diesen Zuständen korreliert, müssen wir dann annehmen, dass sich die Katze in einer Überlagerung von Lebendig- und Tot-Zuständen befindet?

Natürlich nicht. Außer vielleicht in *Akte X* hat niemand je eine Überlagerung gesehen. Katzen sind entweder lebendig oder tot, nie beides. Es gibt einen grundlegenden Unterschied zwischen einer Katze und einem Objekt von Atomgröße. Doch worin besteht er?

Eine der Antworten hat Stoff für die Science Fiction geliefert, denn sie besagt, dass unser Universum (buchstäblich!) unendlich komplizierter ist, als wir es wahrnehmen. Welche bessere Inspiration für Science Fiction könnte es geben? Diese Antwort, die unter dem Namen der ›Viele-Welten‹-Interpretation der Quantenmechanik firmiert, besagt, dass der grundlegende Unterschied zwischen einer Katze und einem Teilchen darin besteht, dass wir die Katze sehen können. Indem wir uns und unser Bewusstsein als quantenmechanische Objekte behandeln, können wir uns vorstellen, dass auch wir mit der Katze und dem Giftapparat und dem Kasten gekoppelt sind. Ehe wir den Zustand der Katze beobachten (oder ›messen‹), gibt es zwei gekoppelte Konfigurationen, welche die Wellenfunktion zur Beschreibung der Vorrichtung, der Katze und unser selbst ausmachen – kein Zerfall, lebendige Katze, eine nette Überraschung für uns, wenn wir den Kasten öffnen; oder Teilchenzerfall, tote Katze, ein trauriger Anblick für uns beim Öffnen des Kastens. Wenn wir die Katze beobachten, lassen wir die Wellenfunktion zu einer von diesen beiden Möglichkeiten zusammenbrechen. Jedesmal, wenn unser Bewusstsein agiert, folgen wir einer Bahn unter einer vielleicht unendlichen Anzahl von ›Verzweigungen‹ der Quanten-Wellenfunktion des Universums. Wir nehmen ein einziges Universum wahr, doch das liegt daran, dass wir dazu verdammt sind, im Universum unserer Wahrnehmung zu leben. Unser Quantenpartner lebt im Universum der alternativen Wahrnehmung, wo, wenn unsere Katze lebt, die alternative Katze stirbt – und umgekehrt. Ein mit mir befreundeter Physiker pflegt nicht ganz im Scherz zu sagen, dass er in dieser Sichtweise Trost findet, denn wann immer er einen Fehler gemacht oder eine große Entdeckung verpasst habe, gibt es einen Zweig der Wellenfunktion, wo sein Quantenpartner nichts falsch gemacht hat.

Wenn diese Überzeugung Ihnen nicht Trost genug ist, dann möchten Sie vielleicht ab und zu in eins jener parallelen Universen springen, in denen die Dinge für Sie vielleicht besser laufen. Das ist die Situation, vor der Worf in der Next-Generation-Episode ›Parallelen‹ steht, wo er abwechselnd mit Deanna Troi verheiratet und ledig ist. Soviel ich weiß, ist das auch der Kontext einer Fernsehserie namens *Sliders*, in der eine unerschrockene Gruppe von Abenteurern von einem Universum ins andere springt; in diesen Episoden sind die Helden dieselben, doch gewisse wesentliche Einzelheiten ändern sich auf irritierende Weise von Woche zu Woche.

Dieses Modell ist interessanterweise auch eine Lösung, die mindestens ein berufsmäßiger Physiker (und eine Menge Amateure) für das Großmutter-Paradoxon vorschlägt, jene Geißel der Zeitreise in die Vergangenheit. Wenn Sie in der Zeit zurückreisen, aber in ein paralleles Quantenuniversum, gibt es kein Problem mit der Ermordung Ihrer Großmutter, denn Ihre Großmutter bleibt in dem Universum am Leben, aus dem Sie gekommen sind und in das Sie voraussichtlich zurückkehren werden. (In diesem Fall könnte man versucht sein zu fragen: Wozu sich die Mühe machen und durch die Zeit reisen, um die Großmutter umzubringen, wenn es doch immer *irgendein* Universum gibt, wo sie von einem LKW überfahren wird?)

Die Idee vieler paralleler Universen ist interessant, doch die Idee, zwischen ihnen hin und her zu springen, wird wohl nicht funktionieren. Der zentrale Lehrsatz der Quantenmechanik besagt: Wenn die Wellenfunktion erst einmal zusammengebrochen ist und eine von mehreren Möglichkeiten gewählt wurde, führt kein Weg zurück. Sogar im Bild von den ›vielen Welten‹ ist man, wenn man erst einmal eine Wirklichkeit wahrnimmt, an diese Wirklichkeit gebunden. Dieser Gedanke hängt unmittelbar mit einer mächtigen Einschränkung in der Physik zusammen, die Wahrscheinlichkeitserhaltung genannt wird, einem

Prinzip, welches etwas sehr Einfaches feststellt: Die Summe der Wahrscheinlichkeiten für alle möglichen verschiedenen Ergebnisse einer Messung muss gleich 1 sein – das heißt, irgendetwas muss geschehen. Zudem kann bei jeder Messung nur ein einziges Ergebnis erzielt werden. Im allgemeinen wird jedes Modell, das es Ihnen erlaubt, zwischen Zweigen der Wellenfunktion hin und her zu springen, dieses Prinzip verletzen.

Einer der Gründe, warum ich den Ansichten über Paralleluniversen und mögliche Reisen zwischen ihnen nicht folge, ist, dass ich sie für einen Denkfehler halte, in dem Sinn, wie es Sidney Coleman sagte: Sie scheinen zu versuchen, die Quantenmechanik in klassischen Begriffen zu erklären, indem sie sie mit unserer Wahrnehmung in Einklang bringen – statt umgekehrt. Für die vernünftigere Herangehensweise halte ich den Versuch, die klassische Welt als Näherung an die ihr zugrunde liegende Quantenwelt zu verstehen, rein im Kontext der Quantentheorie selbst; dieser Ansatz hat einige Zeit gebraucht, um sich zu entwickeln.

Einige der wichtigen Einsichten wurden erst vor kurzem gewonnen, sechzig Jahre nachdem Schrödinger sein Paradoxon aufstellte. Zudem ist nur der allgemeine Rahmen dieses Bildes ausgearbeitet worden; es firmiert unter dem Namen ›Dekohärenz‹ (nicht zu verwechseln mit dem Mangel an Zusammenhang, den der Leser jetzt vielleicht empfindet). Die Grundidee ist einfach: Die makroskopische Welt verhält sich nicht wie das Quantenuniversum; daher enthalten klassische Objekte – die Objekte im makroskopischen Maßstab – keine Überlagerungen von sich wechselseitig ausschließenden Möglichkeiten.

Wie kann das sein, wenn makroskopische Objekte doch aus Quantenobjekten bestehen? Nun, es ist eine Frage von großen Zahlen und auch von fortwährenden Wechselwirkungen zwischen allen Bestandteilen dieser makroskopischen Objekte. Betrachten wir noch einmal das einfache Zwei-Teilchen-System mit dem Gesamtspin gleich Null. Die Wellenfunktion besteht aus zwei einander ausschließenden Möglichkeiten: *A up, B down* plus *A down, B up.* Doch diese Kopplung besteht nur, solange nichts anderes mit dem System in Wechselwirkung tritt. Wenn Teilchen B mit Teilchen C zusammenstößt, ein Prozess, bei dem die Spins der Teilchen B und C ausgetauscht werden können (zum Beispiel), dann wird die Korrelation von Teilchen A mit Teilchen B verringert. Wenn B eine Million solcher Zusammenstöße mit einer Million anderer Teilchen hat, wird die ursprüngliche Korrelation mit A rasch verwässert. Das System und mit ihm die es beschreibende Wellenfunktion entwickelt sich dann, als ob A und B jetzt unabhängig voneinander wären. In moderner Sprechweise: A und B dekohärieren. Man kann sich vorstellen, dass eine kohärente Überlagerung von A und B infolge einer späteren Wechselwirkung momentan wieder entsteht, doch je mehr Teilchen zugegen sind und je mehr Wechselwirkungen stattfinden, um so unwahrscheinlicher wird das.

Die Einzelheiten der Operationen der Dekohärenz auf makroskopische Ansammlungen vieler Teilchen sind zwar noch nicht vollends ausgearbeitet, doch die Idee der Dekohärenz scheint außerordentlich sinnvoll zu sein. Sie ist vielleicht nicht so unterhaltsam wie viele Paralleluniversen (wobei die Anzahl der unabhängigen Universen jedesmal zunimmt, wenn jemand eine Wahrnehmung macht) und unendlich viel einfacher. Und die Dekohärenz besagt, dass die Quantenmechanik ihre eigenen Probleme löst – das heißt, die klassische Grenze ist einfach nur die Grenze, wo es keine kohärenten Überlagerungen einander ausschließender Zustände für Systeme gibt, die aus einer großen Anzahl Teilchen bestehen. Die individuellen Quantenzustände der vielen individuellen Teilchen, die das klassische makroskopische System bilden, dekohärieren rasch, und die Wellenfunktion des Systems entwickelt sich zu einer Summe vieler unterschiedlicher Zustände. Doch die Zustände, die einander ausschließende makroskopische Konfigurationen beschreiben (z. B. lebendige plus tote Katze), haben zufällig verteilte positive und negative Vorzeichen, sodass sich die Summe schließlich aufhebt. Zudem löst die Dekohärenz die Frage, mit der diese Betrachtung begann: Stehe ich in irgendeiner Quantenüberlagerung mit dem Kosmos in Korrelation – sodass, wenn der Mond im siebten Hause steht und Jupiter in Konjunktion mit Mars, Friede die Planeten leiten und Liebe die Sterne regieren wird?* Nein, das tue ich nicht. Die Dekohärenz sorgt dafür, dass es in der Wellenfunktion des Universums kaum kohärente makroskopische Überlagerungen meines Zustandes mit dem Zustand des Jupiters geben wird.

Diese Schlussfolgerung weist jedoch darauf hin, dass die faszinierenden Phänomene der Quantenmechanik ein für alle Mal in die Welt des sehr Kleinen verbannt sind und sie für unsere Erfahrung keine direkte Bedeutung erhalten. Doch das muss nicht unbedingt der Fall sein, und ich glaube, dass darin unsere Zukunft liegt...

Zweifellos liegt die aufregendste experimentelle Aufgabe der Physik – zumindest aus technischer Sicht – in der zunehmenden Erschließung der Quantenphänomene. Es gibt zwei Wege, auf denen sich Quantenphänomene ins Gebiet des Beobachtbaren einschleichen können. Der erste schließt eine Situation ein, wo eine makroskopische Ansammlung vieler Teilchen zusammen in einem einzigen Quantenzustand existieren kann. Normalerweise entspricht eine makroskopische Konfiguration vielen verschiedenen mikroskopischen Zuständen, und ebendarum werden interessante kohärente Konfigurationen sämtlicher Teilchen im großen Maßstab ausgefiltert. Wenn es jedoch nur eine einzige Konfiguration aller Teilchen gibt, die einem beobachtbaren Makrozustand entspricht, dann bleibt da nichts auszufiltern.

---

* »When the Moon is in the seventh house and Jupiter aligns with Mars, then Peace will guide the planets and Love will rule the stars« ist der Anfang des Songs ›Aquarius‹ aus dem seinerzeit sehr berühmten Musical *Hair*, eine Art Hymne der Flower-Power-Bewegung und mehr noch des New Age. – *Anm. d. Übers.*

Das jüngste prominente Beispiel solch einer makroskopischen Manifestation von Quantenphänomenen wird nach den beiden Physikern, die sie beschrieben haben, Bose-Einstein-Kondensation genannt. Zunächst muss ich erklären, dass es zwei Arten von bekannten Teilchen in der Natur gibt – solche, die als Wert für den Spin die Hälfte für eine Einheit des Drehimpulses haben und solche mit ganzzahligem Spin. Aus den Gesetzen der Quantenmechanik folgt, dass die Teilchen mit ganzzahligem Spin dazu neigen, möglichst denselben Zustand einzunehmen. Mathematisch wird das so ausgedrückt: Wenn ich ein Teilchen mit ganzzahligem Spin in einem bestimmten Quantenzustand habe, dann besteht eine erhöhte Wahrscheinlichkeit, dass ein zweites identisches Teilchen in der Nähe denselben Zustand einnimmt, sogar wenn es weiter keine Anziehung zwischen den Teilchen gibt. Dementsprechend ist die Gesamtenergie der Konfiguration kleiner, wenn beide Teilchen im selben Zustand sind, als wenn sie verschiedene Zustände hätten. Doch Sie erinnern sich aus Kapitel 14, dass die Energiedifferenz (Quantensprünge) zwischen einzelnen Quantenzuständen für ein einzelnes Teilchen unermesslich klein ist; daher genügt bei Zimmertemperatur die in der Umgebung verfügbare Energie für gewöhnliche Teilchen, damit sie mühelos viele verschiedene Quantenzustände belegen können.

Wenn man jedoch ein System von solchen Teilchen auf sehr tiefe Temperaturen abkühlt, vielleicht ein paar Millionstel Grad über dem absoluten Nullpunkt, dann besagt die theoretische Vorhersage, dass die quantenmechanischen Tendenzen der Teilchen an einem bestimmten Punkt hervortreten und die ganze Konfiguration zu einem einzigen Quantenzustand zusammenbricht, der das Bose-Einstein-Kondensat genannt wird. Dieser neue Zustand der Materie verhält sich sehr unterschiedlich von normaler makroskopischer Materie, weil er in einem reinen Quantenzustand ist und nicht in einer Überlagerung vieler verschiedener Quantenzustände. Man könnte dann mit dieser makroskopischen Konfiguration auf vielerlei Weise operieren, als wäre sie ein einziges riesiges, makroskopisches Teilchen. Die technischen Möglichkeiten dieser kondensierten Konfiguration wie auch ihr potenzieller Nutzen als Instrument, um die Eigenschaften der Materie zu erforschen, sind groß.

Ein echtes Bose-Einstein-Kondensat herzustellen, ist seit Jahren der Gral der experimentellen Atomphysik; und 1995 haben es zwei Gruppen geschafft, etliche tausend Atome gut eine Minute lang in einer Bose-Einstein-Phase zu halten. Die Forschungen auf diesem Gebiet sind noch zu vorläufig, als dass sie irgendwelche praktischen technischen Geräte hervorgebracht hätten. Die Forschung auf einem anderen, nahe verwandten Gebiet hat jedoch schon Früchte getragen.

1911 kühlte der niederländische Experimentalphysiker H. Kammerlingh Onnes flüssiges Quecksilber bis auf -270°C ab und entdeckte etwas Erstaunliches. Der elektrische Widerstand verschwand plötzlich und das Material wurde, was man heute einen Supraleiter nennt. Ein Strom, der in eine Schleife aus supraleitendem Draht eingespeist wurde, hielt sich Tage, ja Wochen lang, nachdem die Batterie entfernt worden war, die ihn zum Fließen gebracht hatte.

Seit Onnes haben die Supraleiter einen langen Weg zurückgelegt; und sie haben bereits Auswirkungen auf unsere Technik. Immer wenn man elektrische Ströme ohne Widerstand erzeugen möchte, um die Entstehung von Wärme zu vermeiden und auch die Kosten der Energieerzeugung niedrig zu halten, bieten sich Supraleiter an. Sie können beispielsweise in Supercomputern verwendet werden, in denen der Strom, der zwischen den Milliarden dicht gepackten Speichereinheiten fließt, unzulässig viel Wärme erzeugen würde, und sie werden in Hochenergie-Beschleunigern benutzt, wo hohe Stromstärken notwendig sind und die Wärmeentwicklung wie auch die Elektrizitätsrechnung sonst unvertretbar hoch wären. Supraleiter sind eine Form des Bose-Einstein-Kondensats, können aber wegen zusätzlicher Wechselwirkungen zwischen den Teilchen bei höheren Temperaturen existieren als ein reiner Bose-Einstein-Zustand. Ein normaler Leiter zeigt einen Widerstand, weil der elektrische Strom von einzelnen Elektronen verkörpert wird, die immer wieder gegen Unregelmäßigkeiten und Verunreinigungen stoßen und dabei Energie verlieren. Doch wenn alle Elektronen miteinander zu einem einzigen Quantenzustand verkoppelt sind, dann nimmt dieser Zustand gleichzeitig den gesamten Draht ein und der Strom besteht aus der gleichzeitigen Bewegung der gesamten Konfiguration, die somit von den kleineren Unreinheiten des Drahtes nicht beeinflusst wird.

Dem Geist der Science Fiction näher kommt das andere Gebiet, in dem beobachtbare Quantenphänomene stattfinden. Die Experimentatoren haben jetzt hinreichend empfindliche Werkzeuge, um einzelne Atome in so genannten Atomfallen zu handhaben. Außerdem können sie auch elektromagnetische Strahlung manipulieren, sodass einzelne Strahlungsquanten in einer optischen Faser oder einem Hohlraum eingefangen werden können. Wenn einzelne Teilchen derart isoliert sind, bleiben die Wechselwirkungen aus, die normalerweise Dekohärenz bewirken. Zum ersten Mal können die grundlegenden Quanteneigenschaften einzelner Atome bei der Wechselwirkung mit Strahlung direkt untersucht werden. Zudem können all die berühmten quantenmechanischen Gedankenexperimente zur Kopplung erforscht werden, darunter die klassische Einstein-Podolsky-Rosen-Annahme. Bisher haben diese Experimente die Voraussagen der Quantenmechanik bestätigt, im Gegensatz zu jenen Theorien, in denen die probabilistische Natur von Messungen nur eine Näherung an eine zugrunde liegende klassische Theorie ist. Aus meiner Sicht verspricht die Möglichkeit, ›Quantentechnik‹ in Schaltkreisen, Schaltelementen und natürlich in Quantencomputern einzusetzen, den größten dauerhaften Nutzen dieser Forschungen. Wenn wir Schaltelemente und Motoren bis auf atomares Niveau miniaturisieren können – bis in Größenordnungen, in denen sich unsere klassischen Erwartungen auflösen –, dann winkt uns auf Wegen, die wir uns heute noch nicht einmal vorstellen können, eine ganze neue

Welt der Technik, die dem *Star Trek*-Universum des 23. Jahrhunderts viel näher ist als dem Microsoft-Universum des 20.

Soweit es möglich ist, unsere Vorstellungskraft herauszufordern (und darum geht es in der Science Fiction und, wie ich glaube, in der modernen Wissenschaft), verblassen diese Anwendungen der Quantenmechanik, verglichen mit den Implikationen an den beiden Endpunkten der Skala, den kleinsten Entfernungen, die wir uns jetzt vorstellen können, und dem Maßstab des Universums als Ganzem.

Erinnern Sie sich, dass die Wellenfunktion in ihren Grundlagen auf der diskreten Natur der möglichen Zustände endlicher Systeme beruht. Diese diskrete Natur bedeutet, dass nicht nur die Energieniveaus von Teilchen in Atomen und von Atomen in Festkörpern diskret sind, sondern auch, dass die elektromagnetische Strahlung – und überhaupt jede Strahlung – immer in diskreten Mengen ›portioniert‹ ist. Im Falle des Elektromagnetismus heißen diese Portionen Photonen, und sie sind nicht nur für die Übertragung elektromagnetischer Signale verantwortlich, sondern für die Übertragung der elektromagnetischen Kraft selbst.

Nun sagen uns sowohl Newtons Gravitationsgesetz als auch Einstein Allgemeine Relativitätstheorie, dass die Gravitation dem Elektromagnetismus ähnelt, abgesehen davon, dass sie sehr viel schwächer ist. Wegen der Analogie müsste es also Teilchen wie die Photonen geben, die die Gravitationskraft in der Natur übertragen. Wir nennen solche Teilchen Gravitonen. So weit, so gut. Erinnern Sie sich jedoch auch, dass laut Allgemeiner Relativitätstheorie die Gravitation in wesentlichem Zusammenhang mit der Beschaffenheit und der Krümmung von Raum und Zeit steht. Sie ist eigentlich nichts anderes als ein Ergebnis der Krümmung der Raum-Zeit selbst. Unsere Ansichten von Raum und Zeit besagen, dass diese zusammenhängend sind; in dem Maßstab jedoch, wo die Gravitationswechselwirkung zwischen Elementarteilchen wegen ihrer Nähe zueinander signifikant wird – und wenn wir diese Wechselwirkung in Begriffen von Quanten-Gravitonen beschreiben –, müssen unsere klassischen Ansichten über die Kontinuität der Raum-Zeit wahrscheinlich den Bach runtergehen. Gegenwärtig stochern wir herum und versuchen herauszufinden, wodurch diese Ansichten zu ersetzen wären.

Der Maßstab, in dem das Bedeutung erlangt, ist unglaublich klein: im Vergleich zur Größe eines Atoms kleiner als das Atom selbst im Vergleich zur Größe unseres Sonnensystems! Dennoch gibt es zwei Bereiche in der Natur, wo Teilchen so nahe aneinander herankommen, dass die Quantennatur der Gravitation wichtig wird: 1. in den Endstadien des Zusammenstürzens der Materie in einem Schwarzen Loch; 2. am Anfang des Universums.

Beide Bereiche, in denen die Materiedichte so groß wird, dass Quanteneffekte der Gravitation wichtig werden, enthalten etwas, das man manchmal als Quantensingularitäten bezeichnet. Dieser Begriff hat einen guten Klang. Er liegt gut auf der Zunge, und das ist zweifellos der Grund, weshalb er im Fernsehen und im Film so oft auftaucht, von den *Star Trek*-Filmen bis zu *Ghostbusters – Die Geisterjäger*. Das Verlockende daran ist vielleicht das Gleiche wie bei jedem anderen verlockenden Aspekt der menschlichen Erfahrung. In einer Quantensingularität ist alles möglich! Die Gesetze der Physik, wie wir sie kennen, verlieren ihre Gültigkeit. Quanteneffekte werden so wesentlich, dass sogar die Natur von Raum und Zeit verändert wird. Vielleicht werden in diesen winzigen Maßstäben durch Quantenprozesse ganze neue Universen wie virtuelle Elementarteilchen erzeugt. Was am aufregendsten ist: Vielleicht hat unser eigenes Universum durch solch einen Quantenprozess begonnen.

Diese Ideen haben die Phantasie von Science Fiction-Autoren angeregt. Ich erinnere mich, als Doktorand eine besonders interessante Erzählung des Science Fiction-Autors Stanisław Lem gelesen zu haben (den Titel habe ich leider längst vergessen), in der das beobachtbare Universum von einem Quantenereignis erschaffen wurde.* Das beeindruckte mich damals so sehr, dass ich Lem in den Danksagungen meiner Dissertation erwähnte, bei der es um einige (im Rückblick gesehen) ziemlich wilde Spekulationen über die Natur der Gravitation im frühen Universum ging. Doch die Idee der Quantenschöpfung von Universen hat auch die Phantasie einiger der brillantesten theoretischen Physiker und Mathematiker auf dem Planeten gefesselt.

Das wurde mir wieder ins Bewusstsein gerufen, als ich die Antworten mehrerer Physiker auf meine Umfrage erhielt, was sie am liebsten erfahren würden. Kip Thorne, der am Caltech über Allgemeiner Relativität arbeitet und auch Autor ist, schrieb, am liebsten erführe er »die Gesetze der Quantengravitation und ihre Aussagen über 1. wie unser Universum entstand, 2. ob es andere Universen gibt, 3. die Natur der Singularität im Zentrum eines Schwarzen Loches, 4. ob von solchen Singularitäten Universen hervorgebracht werden können und 5. ob Zeitreisen in die Vergangenheit möglich sind.« Das verstieß zwar vielleicht gegen meine Bedingung, nur *einen* Wunsch zu nennen, doch ich war bereit, darüber hinwegzusehen, denn offensichtlich sind alle fünf Fragen Kips – die zu den spannendsten Fragen an der vordersten Front der Physik gehören – so stark miteinander verknüpft, dass, die Antwort auf eine zu kennen, wahrscheinlich bedeutet, sie alle beantworten zu können. Nichtsdestoweniger ragen Nummer 2 und 4 in ihrer Bedeutung wohl heraus. Wenn unser eigenes Universum nicht einzigartig ist und wenn Universen nolens volens von Quantenprozessen erschaffen werden können, dann kann sich das Wesen von allem ändern, was wir unter Wissenschaft und Zukunft verstehen.

Genau darüber haben mir zwei hervorragende theoretische Physiker in ihren Antworten geschrieben. Es waren der Nobel-

---

* Die Erzählung, in der Ijon Tichy die Welt als Quantenphänomen erschafft, ist die 18. Reise in den *Sterntagebüchern*. – *Anm. d. Hrsg.*

preisträger Steven Weinberg von der University of Texas in Austin und John Preskill vom Caltech, der übrigens in den Siebzigerjahren bei Weinberg in Harvard studierte, als ich dort Mitglied der Fakultät war. (Unlängst hat Preskill zusammen mit Kip Thorne einigen Ruhm erlangt, als er einen seit langem andauernden Disput mit Stephen Hawking über die mögliche Existenz von so genannten ›nackten‹ Singularitäten gewann – von Singularitäten, die nicht tief im Innern eines Schwarzen Loches verborgen sind. Thorn und Preskill behaupteten, so etwas könne existieren, und Hawking hat es schließlich zugegeben.) Ich kenne beide als Kollegen und Lehrer, seit ich Physiker bin, und ich fand es bemerkenswert und zugleich befriedigend, dass diese beiden überaus tief schürfenden Menschen fast auf dieselbe Frage kamen. Ihre Frage geht (wie Preskill ausdrücklich anerkannte) auf Einsteins Antwort zurück, als er gefragt wurde, was *er* am liebsten über das Universum wissen wolle. Er antwortete: »Am liebsten möchte ich wissen, ob Gott bei der Erschaffung der Welt überhaupt die Wahl hatte.«

Wenn unser Universum nicht einzigartig ist, dann darf man sich zu Recht fragen, ob die Naturgesetze, die wir entdeckt haben, einzigartig sind oder nicht. Anders ausgedrückt: Gibt es nur eine Möglichkeit, ein sinnvolles Universum zu bauen? Gibt es einen logischen Fehler, der die Konsistenz jedes anderen Universums mit vier Dimensionen von Raum und Zeit, mit Materie und Strahlung und Kräften zwischen den Teilchen ausschließt, wenn es nicht exakt das Universum ist, in dem wir leben? Wenn ja, dann würde eine vereinheitlichte Feldtheorie (Theory of Everything), die das beobachtete Universum erklärt, wahrheitsgemäß erklären, warum es uns gibt. Wenn nicht, dann sind unsere Existenz und die dazugehörenden Naturgesetze in unserem Universum vielleicht nicht besonders grundlegend. Die Gesetze der Physik, die wir abgeleitet haben, können in Wahrheit ohne logischen Zusammenhang sein. Wie Weinberg es formulierte: »Haben sie [die Gesetze der Physik] die Eigenschaft, dass keine kleine Änderung daran vorgenommen werden kann, ohne dass Unsinn entsteht?«

Preskill hat dieses Thema etwas poetischer gefasst:

Ich stelle mir vor, es gäbe ein Orakel, das ich befragen könnte. Es weiß alles, doch mir steht nur eine Frage zu, also sollte ich sie mir gut überlegen! Es gibt so vieles, was ich gern fragen würde, doch es ist eine heikle Sache, die Frage so zu formulieren, dass ich, wenn ich die Antwort höre, auch verstehe, was sie bedeutet... Es war keine explizite Bedingung, doch ich will annehmen, dass die Antwort ja oder nein lauten wird – ich werde nur ein Bit Information über das Universum erhalten.

Die Frage, die ich dem Orakel stellen will, lautet: »Ist die Physik eine Umwelt-Wissenschaft?«

Ehe es antwortet, will ich dem Orakel erklären, worum es bei der Frage geht. Ich möchte wissen, ob die Eigenschaften des Universums, die wir beobachten (zum Beispiel die Werte der fundamentalen Konstanten wie der kosmologischen Konstante, der Feinstrukturkonstante, den Massen von Quarks und Leptonen usw.), wirklich aus grundlegenden Prinzipien abgeleitet werden können oder ob der Zufall bei der Festlegung dieser Werte eine Rolle gespielt hat. Ist unser Universum das einzig mögliche oder eins von vielen möglichen Universen? Wenn es eins von vielen ist, dann können wir das Universum nicht aus grundlegenden Prinzipien heraus verstehen, ohne einige seiner Eigenschaften zu beobachten, das heißt, die Physik ist eine Umwelt-Wissenschaft (wie die Biologie). Das Universum, das wir bewohnen, beruht auf vielen ›eingefrorenen Zufällen‹, die sich in seiner Frühgeschichte ereignet haben.

In gewisser Hinsicht ist das eine Neuformulierung von Einsteins berühmter Frage, ob Gott bei der Erschaffung der Welt überhaupt die Wahl hatte. Mir ist es wichtig, die Antwort zu kennen, damit wir feststellen können, was das letzte Ziel der

Grundlagenphysik sein soll. Wir suchen eine ›Theorie von Allem‹, die es erlaubt, umfassende Vorhersagen über alle fundamentalen Teilchen und Kräfte abzuleiten. Doch vielleicht werden uns, selbst wenn wir diese Theorie kennen, viele theoretische Aussagen entgehen. Wenn die Physik tatsächlich eine Umweltwissenschaft ist, dann kann unser Traum, zu verstehen, warum das Universum so und nicht anders ist, niemals vollends verwirklicht werden.

So hat es den Anschein, dass sogar die Zukunft der Wissenschaft letzten Endes vom Wesen der Quantenmechanik abhängen kann. Wenn aus den Quantenprozessen folgt, dass sogar die Erschaffung unseres Universums ein probabilistisches Ereignis war, können die Umstände unserer Existenz weit von dem abweichen, was man sonst glauben würde.

Dennoch habe ich, wenn ich über die Zukunft nachdenke, diesen Eindruck: Sogar falls sich erweist, dass aus der Quantenmechanik schließlich eine weitaus größere kosmische Zufälligkeit unserer Existenz folgt, als bisher angenommen, bleibt ein positiver Aspekt für jene, die unserer Existenz eine Bedeutung zumessen möchten. Denn letzten Endes könnte die Quantenmechanik unsere Rettung bedeuten.

Zu Beginn dieses Buches habe ich mich über eine Science Fiction-Vision des Jüngsten Gerichts lustig gemacht, um später darzulegen, dass der Erde ein viel ernsteres Ende bevorsteht, gleichgültig, welche bösen Pläne irgendwelche Aliens mit uns haben mögen, denn in etwa fünf Milliarden Jahren wird die Erde von unserer eigenen Sonne verschluckt werden. Wenn wir Glück haben und einfallsreich genug sind, kann unsere DNS – oder zumindest unsere Intelligenz, wenn wir sie einer Lebensform auf Siliziumbasis vererben (den Computern, nicht den Horta) – jenen Kataklysmus überleben, und die eine oder die andere kann sich vielleicht in irgendeiner Form zu den Sternen hinauswagen. Doch damit ist noch kein Ende der Gefahren erreicht. Irgendwann einmal, falls das sichtbare Weltall nicht wieder in einem großen Kollaps zusammenfällt, in, sagen wir, hundert Milliarden Jahren, werden alle Sterne in unserer Galaxis (und in allen anderen) ausgebrannt sein, und alle Nachkommen werden neue Wege finden müssen, um Energie zu speichern und zu verwenden. Aktuelle Vorstellungen in der Teilchenphysik weisen darauf hin, dass irgendwann in einer Million Milliarden Milliarden Milliarden Jahren alle Materie selbst zu Strahlung zerfallen sein wird. Das scheint das ultimative Ende jeglicher Intelligenz im Universum anzukündigen.

Oder doch nicht?

Solange sich Energie gewinnen lässt, könnten wir dann nicht fortwährend Energie in Materie zurückverwandeln, sodass wir zumindest örtlich die Materie in einem stabilen Zustand halten könnten? Nicht ewig. Der Zweite Hauptsatz der Thermodynamik sagt uns, dass diese Überbrückungsmaßnahme schließlich versagen muss, wenn das Universum ein gleichförmiges Wärmebad sein wird, in dem keine Nutzarbeit mehr geleistet werden kann. Doch ich glaube, dass sogar dann noch Hoffnung bleibt. Wenn unser beobachtbares Universum nur eins von vielen ist – wobei in jedem andere physikalische Gesetze gelten können –, dann ergeben sich mindestens zwei Möglichkeiten für die fortgesetzte Evolution der Intelligenz. Entweder sind wir imstande, ein neues Babyuniversum zu erschaffen, das sich eigenständig entwickelt und in das sich ein Rest unserer Existenz hinüberretten könnte, ehe der Wärmetod das zurückgelassene Universum verschlingt. Oder aber es gibt die wahrscheinlichere Möglichkeit, dass in hinreichend großem Maßstab das Universum viele separate Bereiche enthält, wovon unser sichtbares Universum nur ein Teil ist. Dieses Meta-Universum kann eine Struktur haben, in der seine Teiluniversen – jedes mit unterschiedlichen Gesetzen der Physik, mit unterschiedlichen Naturkonstanten usw. – schließlich verschmelzen werden. (Ich bewege mich hier am Rande der Metaphysik. Wenn ich diesen Gedanken mit Ideen in der Physik in Zusammenhang bringe, die gegenwärtig besser definiert sind, dann dürfte es wahrscheinlicher sein, dass solche Teiluniversen ewig kausal getrennt bleiben werden. Doch man kann immer hoffen.) Ich habe keine Ahnung, welches Feuerwerk entsteht, wenn zwei Bereiche mit unterschiedlichen physikalischen Gesetzen verschmelzen. Ob das genügen würde, um uns einen neuen Anfang zu verschaffen, mag sich jeder nach Belieben ausmalen.

Vorerst sollte dieses Gebiet lieber den Science Fiction-Autoren überlassen werden. Ich lade Sie ein, Ihr eigenes Szenario zu erfinden. Wer weiß? Vielleicht sehe ich es bald im Kino. Oder vielleicht schreibe ich das Drehbuch. Wie dem auch sei, meine Rolle ähnelt etwas der vom Geist der kommenden Weihnacht in Dickens' Weihnachtsgeschichte: Diese Überlegungen sollen weniger darlegen, *wie* es sein wird, als vielmehr anregen, die Möglichkeiten zu überdenken. Vor allem hoffe ich, dass sie sich daran erinnern: Auch wenn vielleicht keine Aliens unter uns sind, wird auf lange Sicht die Wahrheit wahrscheinlich seltsamer als die Fiktion sein.

Epilog

Ich habe dieses Buch mit der Erörterung einiger Zukunftsmöglichkeiten abgeschlossen – sowohl für die Zukunft der Physik als auch für die des Universums selbst. Dabei fiel mir eine Frage ein, die mir neulich bei einem öffentlichen Forum gestellt wurde: Ob die beste Losung für die moderne Wissenschaft ›Der Himmel ist die Grenze‹* sei? Ich antwortete in der selbstbewussten Art, die ich bei solchen Veranstaltungen an den Tag lege: »Nein, ich glaube, besser wäre: ›Wir sind nur von unseren Vorstellungen begrenzt.‹« Ich habe mich seither oft über diese leichtfertige Antwort gewundert. Habe ich wirklich geglaubt, was ich sagte, oder klang es nur so gut? War ich im Begriff, mich in einen Politiker zu verwandeln?

Zuerst möchte ich klarstellen, dass ich, als ich das damals sagte, nicht behaupten wollte, es gäbe keine Grenzen für das, was im physikalischen Universum möglich ist. Es ist dieses Missverständnis, das mich veranlasst, für den Laien über Wissenschaft zu schreiben. Die Wissenschaft *beruht* auf Grenzen: Sie schreitet voran, indem sie allmählich mithilfe von Experiment und Theorie herausfindet, was nicht möglich ist, um festzustellen, wie das Universum wirklich funktionieren könnte. Hier wäre es angebracht, sich Sherlock Holmes' Spruch in Erinnerung zu rufen, dass das, was nach Ausschluss aller anderen Möglichkeiten übrig bleibt, die Wahrheit ist, egal, wie unwahrscheinlich es scheint. Darum ist das Universum sogar *ohne* all die Extras ein ziemlich bemerkenswerter Ort.

---

* ›Sky's the limit‹: Die Redewendung bedeutet, dass nach oben keine Grenzen gesetzt sind.

Das größte Geschenk, das die Wissenschaft der Menschheit vermacht hat, ist meiner Meinung nach das Wissen, dass – ob es uns gefällt oder nicht – das Universum wirklich so ist, wie es ist. Manchmal ist es rätselhaft, manchmal banal. Und immer wieder werden unsere Vorstellungen von der Notwendigkeit, der Realität zu entsprechen, erweitert statt eingeengt. Die Relativitätstheorie und die Quantenmechanik sind nicht erfunden worden, weil jemand glaubte, es wäre eine gute Idee, wenn das Universum diese Regeln befolgte; vielmehr wurden uns diese revolutionären Ideen von der Natur *aufgezwungen*. Zu lernen, wie wir in diesem Rahmen arbeiten müssen, um ans Ziel unserer Wünsche zu gelangen, ist vielleicht die zutreffendste Definition von Intelligenz. Nur, indem wir unseren Geist für die Möglichkeiten der Existenz offenhalten und dabei standhaft gewillt sind, das vielleicht Wünschenswerte zugunsten des wirklich Geschehenden zu verwerfen, können wir hoffen, die Geheimnisse der Natur zu entschlüsseln.

Obwohl der Realismus an die Science Fiction offensichtlich weniger Forderungen stellt als an die Wissenschaft, glaube ich doch, dass es im Grunde dieser Geist der Vorstellungskraft ist, gemäßigt von der Realität oder wenigstens von etwas, das eine plausible Realität ergeben könnte, der auch die allerbeste Science Fiction kennzeichnet. Ich habe hier versucht, wo immer es möglich war, eine Haltung des ›Was wäre, wenn...?‹ einzunehmen, doch bei Bedarf rufe ich mir gern den Spruch des Verlegers der *New York Times* Arthur O. Sulzberger in Erinnerung: »Ich möchte gern einen offenen Geist behalten, aber nicht so weit offen, dass mir das Gehirn herausfällt.« Mitunter war die Logik einer Reihe von Möglichkeiten nicht gewogen, an die viele Leute, darunter Hollywood-Produzenten, nur zu gern glauben möchten. Jene, die über meine Argumente bestürzt sind, werden dieses Buch hoffentlich als Herausforderung sehen. Was mich in bestimmten Diskussionen über Themen an der Grenze von Wissenschaft und Science Fiction wirklich bekümmert, sind die mitunter abfälligen Bemerkungen über

›herkömmliche Wissenschaft‹. ›Herkömmliche‹ Wissenschaftler werden oft als engstirnig und konservativ betrachtet, während jene, die den problematischen Fragen im Zusammenhang mit Experimenten lieber ausweichen, als aufgeschlossen und erleuchtet dargestellt werden. Das erscheint mir rückständig. Ich glaube, dass Leute, die bereit sind, ihre Vorstellungen den manchmal komplizierten Wegmarken der Natur folgen zu lassen, die wirklich Aufgeschlossenen sind, nicht jene, die sich unkritisch ein Universum zusammenbasteln, das ihren eigenen Lieblingstheorien und Wünschen entspricht.

Gleichzeitig müssen wir für die Geheimnisse dankbar sein. Es ist das Unerklärliche, das unsere Phantasie speist. Die Geheimnisse nähren den menschlichen Geist. Wenn ich an die Zukunft der Physik denke, so kann ich mir eine Welt vorstellen, in der alle großen Rätsel gelöst sind. So faszinierend es wäre, die Antworten auf die Fragen zu haben, die meine Kollegen in diesem Buch nannten, so glaube ich doch, dass es niemals so befriedigend oder anregend wäre, die Antworten zu besitzen, wie nach ihnen zu suchen. Die Geheimnisse sind die Triebkraft für die Verbindung von Wissenschaft und Science Fiction, die ich eingangs angekündigt habe, und sie zu würdigen, ist wirklich das, worum es in Wissenschaft, Literatur und Kunst – ganz zu schweigen von meinen eigenen Büchern – geht.

Es gibt noch eine Menge Wunderbares im Weltall, auch wenn wir alle Schlüssel, die uns die Natur darbietet, untersucht haben werden. Ich glaube wirklich, dass unsere Vorstellungen noch nicht einmal damit begonnen haben, die Möglichkeiten des Daseins auszuschöpfen. Die Losung ›Die Wahrheit liegt da draußen‹ auszugeben, ist vielleicht zu banal. Ich ziehe vor: »Das alles war noch gar nichts!«

Danksagung

Es ist immer ein besonderes Vergnügen, diesen Punkt in einem Buch zu erreichen, an dem ich mich zurücklehnen und an all die Menschen denken kann, die mir großzügig Zeit gewidmet und Informationen gegeben und so das Schreiben ermöglicht haben. Mit jedem Buch scheint die Liste länger zu werden.

Zuerst und vor allem möchte ich meiner ehemaligen Lektorin Susan Rabiner danken, auf deren Rat und Klugheit ich mich zweieinhalb Bücher lang immer stärker gestützt habe. Nachdem mir Susan nach unserer erfolgreichen Zusammenarbeit an *Die Physik von Star Trek* bei der Konzeption des vorliegenden Buches geholfen hatte, wurde Basic Books – ihr Arbeitgeber und der Verlag von dreien meiner Bücher – von HarperCollins mitten in der Arbeit an diesem Buch aufgelöst. Susan und die anderen Angestellten bei Basic gingen ihre eigenen unterschiedlichen Wege, und ich freue mich darauf, auf die eine oder andere Weise in Zukunft wieder mit ihr zusammenzuarbeiten.

Mauro DiPreta, mein neuer Lektor bei HarperCollins, hatte die undankbare Aufgabe, sich mitten in der Arbeit einzuschalten; er tat es mit Intelligenz und Humor und machte aus einer Situation, die unangenehm hätte sein können, eine produktive und erfreuliche. Seine Kommentare waren oft sehr nützlich, sogar in Fällen, wo er vermutlich selbst nicht damit rechnete. Ich danke auch Mauros Assistentin Molly Hennessy dafür, dass sie so vieles geregelt hat. Stephanie Lehrer von der Werbeabteilung bei HarperCollins hat begonnen, hart an diesem Buch zu arbeiten, noch ehe es fertig war, und ich danke ihr für ihre Bemühungen.

Sara Lippincott, die schon bei der Feinabstimmung der *Physik von Star Trek* mitgeholfen hatte, schaltete sich in der letzten

Lektoratsrunde auch bei diesem Buch ein und brachte nach ein paar Wochen intensiver Faxgefechte das endgültige Manuskript in weitaus besseren Zustand, als es sonst gewesen wäre.

Und nun zu meinen Physiker-Kollegen aus aller Welt. Jedesmal, wenn ich mich um Input an sie wandte, war ich angenehm überrascht und dankbar, wie großzügig sie ihre Zeit opferten – und mehr noch, wie ernst sie diese Projekte genommen haben. Diesmal möchte ich insbesondere Sheldon Glashow, John Preskill, Kip Thorne, Steven Weinberg, Frank Wilczek und Ed Witten für ihre wohldurchdachten Antworten auf meine Fragen danken.

Im Hinblick auf die spezifischen Gegenstände, die in diesem Buch behandelt werden, habe ich aus einer Reihe von Quellen Nutzen gezogen. Meine Kollegen Experimentalphysiker am CERN, dem Europäischen Kernforschungszentrum, wo ich während der Arbeit an diesem Buch sechs angenehme Monate verbrachte, waren sehr hilfreich, wenn es darum ging, meine Kenntnisse im Zusammenhang mit der Herstellung und Aufbewahrung von Antimaterie auf den neuesten Stand zu bringen. Insbesondere hat Rolf Landua viel Zeit damit verbracht, mit mir über den neuen Antimaterie-Verzögerer ›Athene‹ zu sprechen. In Robert Zubrins und Richard Wagners Buch *The Case for Mars* (New York: Free Press 1996; deutsch *Unternehmen Mars*, München: Wilhelm Heyne Verlag, 1997) fand ich ein nützliches Nachschlagewerk zu verschiedenen Einzelheiten des Projektentwurfs ›Mars direkt‹. Unter den verschiedenen Quellen über mit ESP und ihrer Geschichte verknüpfte Themen, die ich einsah, war eine besonders nützliche, die ich in der Bibliothek des CERN fand: *Physics and Psychics* von einem Kollegen aus der Teilchenphysik, Victor Stenger (Buffalo, N.Y.: Prometheus Books 1990). Wie auch aus dem Text deutlich werden müsste, haben die Bücher von Roger Penrose, insbesondere sein *Shadow of the Mind* (New York: Oxford University Press 1994; dt. *Schatten des Geistes*, Heidelberg: Spektrum Akademischer Verlag, 1995), dazu beigetragen, dass sich meine eigenen Gedanken über Bewusstsein und elektronische Datenverarbeitung herauskristallisierten, obwohl ich einigen seiner Schlussfolgerungen nicht zustimme. Zu Themen der Quanten-Datenverarbeitung habe ich nicht nur von der veröffentlichten Literatur profitiert, sondern auch von einem besonders informativen Kolloquium an der Universität Genf, das der IBM-Physiker David DiVincenzo gab. Zu bestimmten Themen der Quantenmessung fand ich die erneute Lektüre der Schlusskapitel von David Lindleys *Where Does the Weirdness Go?* (New York: Basic Books 1996) nützlich, das ich früher für *Natural History* besprochen hatte, wenngleich ich nicht allen seinen Ausführungen vorbehaltlos zustimme.

Einige der hier besprochenen Ideen sind in Artikeln erschienen, die ich für verschiedene Zeitschriften schrieb. Eine kurze Diskussion einiger der in Kapitel 1 besprochenen Punkte erschien im *Wizard Magazine*, und Teile der Kapitel 2 bis 5 sind überarbeitete Versionen eines Artikels, den ich für *Discover* über Möglichkeiten schrieb, zum Mars zu gelangen.

Ich möchte auch den Organisatoren des Workshops zur Suche nach außerirdischer Intelligenz von 1997 danken, die mich nach Neapel eingeladen haben, um bei dem Treffen zu sprechen. Ich habe festgestellt, dass ich beim Schreiben dieses Buches oft auf meine dort gemachten Notizen zurückgegriffen habe. Besonders möchte ich Paolo Strolin danken, der mir und meiner Familie die schönsten Seiten Neapels gezeigt hat.

Wie meine beiden vorangehenden Bücher wurde *Jenseits von Star Trek* im Wesentlichen in Aspen vollendet, welches für die Arbeit ein wunderbares Refugium voll Kultur, Schönheit und Einsamkeit bietet; ich danke meinen Freunden und Bekannten in Aspen dafür, dass sie uns jedesmal das Gefühl geben, zu Hause zu sein. Eigentlich begann dieses Buch aber daheim in Cleveland und wurde dort letztendlich abgeschlossen. Den Menschen an diesem warmen und gastfreundlichen Ort und unseren vielen Kollegen, guten Freunden und Bekannten dort herzlichen Dank, dass sie meine Familie und mich so liebenswürdig aufgenommen haben.

Wie bei allen meinen Büchern war die fortwährende Unterstützung durch meine Frau Kate und meine Tochter Lilli absolut unerlässlich. Diesmal – in engeren Verhältnissen als gewöhnlich, während wir auf Reisen waren – waren sie mit ihrer Zeit und Geduld besonders großzügig, und ich danke ihnen. Abermals hoffe ich, dass ihnen der bevorstehende Ausflug Spaß machen wird.

Zum Schluss möchte ich allen Lesern der *Physik von Star Trek* und anderen danken, die mir so freundlich Fragen und Anmerkungen geschickt haben und die zu Vorträgen und Signierstunden kamen – und ebenfalls den Interviewern von Presse, Rundfunk und Fernsehen. Ihre Fragen regten oft stärker zum Nachdenken an, als ihnen bewusst gewesen sein mag, und letzten Endes geht es bei diesem ganzen Unternehmen um Sie.

Register

Für die *Star Trek*-Fernsehserien werden folgende Abkürzungen verwendet:
Classic = die erste, ›klassische‹ Serie um die Abenteuer von Captain Kirk und seiner Mannschaft;
TNG = The Next Generation (Die nächste Generation).
Alle Titel von Filmen und von Folgen in Fernsehserien erscheinen *kursiv*.